# 把人生
# 活得恰到好处

松洱 著

中国工人出版社

人生没有那么复杂

从容地面对每一天

做心目中最好的自己

不怕承受风险

才能从风险中受益和成长

感受不一样的人生体验

智慧的人

无论多么烦琐棘手的事情

总能快速地厘清并解决

静下心来，从容地面对困难，会让你更加自信

# 前言

在生活中，我们总是会发现，有一些人似乎轻松就能过上自己想要的生活，让身边的人羡慕不已。

这些人做事举重若轻，在他们面前，问题总是迎刃而解；交往广泛，很轻松就能跟别人打成一片，随时随地都能交到朋友；他们看上去并不十分忙碌，随便调查一下，却是不折不扣的斜杠青年，成为行业精英的同时，还能轻松玩转多个领域，浑身散发着不可抵挡的光芒……

经过多年的观察、思考和总结，我发现了这些人身上共有的几个特点，那就是：

一、做事有办法

不管多么复杂棘手的事务，他们总能抓住要害，抽丝剥茧，把流程和解决方案梳理得清清楚楚。

二、沟通有深度

不管是在什么场合，只要有需要，他们总能跟所有人聊得来。他们似乎能在最短的时间内洞悉你的内心，找到你真正感兴趣的话题，进行有深度的沟通，从而最快地拉近双方距离，乃至成为朋友，至少可以成为一起共事的人。

三、时间特别多

其实不是他们时间多，而是他们掌握了使用时间的终极秘诀：为时间赋能，让时间产生复利魔法。

四、东西特别少

其实不是物品特别少，而是在购买、使用和整理时，都遵循了“宁可少而精，不能多而滥”的原则。只买最好的，并且让合适的物品待在合适的位置上。

五、一直在精进

不管之前和现在取得了多大的成就，都从来没有自满过，而是一直在前进，不断在学习，甚至将“终身学习”作为座右铭，永远不会止步。

发现这些以后，我开始提炼属于自己的精进方案，在践行一段时间后，我的人生很快也发生了正面的提升：职位提升，收入大幅增加；人脉变广，自信心也空前增强。用我好友的话来说：现在的你，一眼看去，就是那个在人群中闪闪发光的人。也因此，最近不断有人找我询问我变化的原因。

为此，我将用这本书来系统地阐述：如何通过改变认知、调整行动，来改变自己的人生状态，教你如何把人生活得恰到好处。

现在，就让我们一起开始吧！

# 目　录

## 第五章　保持精进，终身学习



## 第六章　优质的生活是少而高贵的



## 第七章　冒点风险，生活更有价值

# 第一章

# 你可以轻松<br>做好所有事情

# 找到内在逻辑，问题自然迎刃而解

抓住事情的逻辑线路，意思是在复杂的事情面前，你得快速找到解决问题的快捷路径。

根据《史记·高祖本纪》记载，西汉初年，天下已定，在宴毕群臣后，汉高祖刘邦向大臣们提问，为何自己能打败项羽，夺取天下。有大臣说，因为高祖懂得派遣有才能的人攻城略地，并重赏有功之人，高祖认为不尽然。

他自我剖析道：夫运筹帷幄之中，决胜千里之外，吾不如子房；镇国家，抚百姓，给饷馈，不绝粮道，吾不如萧何；连百万之众，战必胜，攻必取，吾不如韩信。三者皆人杰，吾能用之，此所以取天下者也！

我们从这段描述中，看到了刘邦的气魄，还有他在用人方面的高深谋略。自己的同盟者都是谁，背后会有谁支持，和自己相互竞争的都有谁，自己的劲敌是谁，以及这些关系应该怎样合理利用，怎样调节——他都能了然于胸，做到心中有数。正因为这样，才能让他在每次面临问题时，都能够快速找到解决问题的路径。

人和人、事和事之间的内在逻辑性，分析把握透彻，处理和运用起来，才能够得心应手。

身为普通大众，在这个瞬息万变的新时代，更应该学会洞悉并运用好不同的人际关系。我们倘若能够举重若轻地处理好各种人际关系，就能够更好地处世，增加自己生活的信心和幸福度。这就更需要我们学会辨别，哪些社交是有用的，哪些社交是无效的，并且精准地过滤无效社交。

我的朋友张聪，就是特别能够明辨人和事之间的内在逻辑关系的人，在她的大脑里，各种关系条理分明。

张聪对下属，永远不会有感情用事的事情发生。例如：她从来只让下属做工作分内的事情，绝不因私人的事情麻烦下属，避免不必要的感情投入。她对待客户，只是洞悉对方的利益需求，让对方在利益上得到满足，这就是她留住客户的直接方式。商业对手，永远都是放在对手的位置，即便交情再深厚，也不会迷失心智。同行业的一位老总，和张聪私交甚笃，但是，她从来不在老总面前提及工作上的任何细节和行业机密。领导，永远当成领导，哪怕和领导的个人关系再好，也都会摆正自己下属的身份，不会在任何时候做出越俎代庖的事情，总能够很好地把握分寸。

张聪的职场升迁之路，一路绿灯，从基层到主任，从主任到经理，从经理到总监，她没有任何的拖泥带水，上升方式优雅从容。

在《精简社交》一书中，作者莫拉格·巴雷特就是围绕人际关系生态系统，向读者介绍了四种常见的人际关系：同盟关系、支持关系、竞争关系和敌对关系。

在这个万花筒般的社会里，人际关系更是错综复杂，更需要我们学会抽丝剥茧般的断舍离。就像书中所描述的那样：谁和你是同盟关系？谁对你是支持关系？谁和你是竞争关系？谁又是你的敌对关系？分清楚这四种最重要的关系，化繁为简，洞悉周围人际关系的真相，才能够做到了然于胸地处理面临的事情。

# 深度沟通是一种美妙的心灵魔法

## 01

看到过这样一个故事：姑娘A和男友三观一致，兴趣相投，在一起相处得非常愉快，但是男友却有一个癖好，是姑娘心头的一根刺。原来，姑娘有一次去停车场，看到男友在车内亲吻一个破旧的布娃娃，状态无比投入陶醉，这让姑娘感觉无比诡异。

男友倒也没有任何隐瞒，实话实说，这个布娃娃是从小就伴随他的，但是自己为什么会形成这种癖好，自己也没办法说清楚。后来A反复考虑，觉得舍不得这份感情，但又不愿意男友总是抱着一个破布娃娃亲，就提出让男友去看心理医生。

男友也非常珍视这段感情，就和A一起走进心理咨询师的工作室，可是男友的自我防御意识特别强，咨询师始终无法唤醒他内心深处的那一段记忆。

咨询师朋友对A说，要想让他打开心扉，除非用催眠法，进行彻底的深度沟通。A和男友商量后决定尝试，催眠大师是朋友帮忙介绍的台湾一位知名大师，A在咨询室外等候，大师在工作室对男友实施催眠。

随着大师的思路引领，循循善诱，男友带领大师，一点点走进他的记忆深处。他走进了小时候居住的老房子，走进一个漆黑的夜晚，他看到年轻时的妈妈被人打昏后实施强奸，直到他看到那个三岁的小男孩，蜷缩在床上的一角，怀里紧紧抱着一个布娃娃，瑟瑟发抖。

他醒来时，已是泪流满面。原来在他自己的潜意识里，他一直在逃避那一夜的经历，他一直在为当年的自己没有保护妈妈而愧疚，潜意识中，隐藏了这段记忆。

找到问题的症结之后，在男友父母的配合下，A明确告诉他，那不是他的错，他只是一个需要保护的孩子，父母也早就对这件事释怀。这才让男友慢慢从二十多年的愧疚中走出来，并彻底放弃了那个破旧的布娃娃。

虽然这只是一个故事，但它却充分体现了深度沟通的力量。从这个故事中，我们看到，沟通时，只有让对方认定你是站在他的立场的，从而得到对方的配合，才能最终取得沟通的成功。

我们再来看一个小故事。

一个小公主病了，她娇憨地告诉国王，如果她能拥有月亮，病就会好。国王立刻召集全国的聪明智士，要他们想办法拿下月亮。

大臣说："它远在三万五千里外，比公主的房间还大，而且是由熔化的铜所做成的。"

魔法师说："它有十五万里远，用绿奶酪做的，而且是皇宫的两倍大。"

数学家说："月亮远在三万里外，又圆又平像个钱币，有半个王国大，还粘在天上，不可能有人能拿下它。"

国王又烦又气，只好叫宫廷小丑来弹琴给他解闷。小丑问明一切后，得到了一个结论：如果这些有学问的人说得都对，那么月亮的大小一定和每个人想的一样大、一样远。所以当务之急便是要弄清楚小公主心目中的月亮到底有多大、多远。

于是，小丑到公主房里探望公主，并顺口问公主："月亮有多大？"

“大概比我拇指的指甲小一点吧！因为我只要把拇指的指甲对着月亮就可以把它遮住了。”公主说。

“那么有多远呢？”

“不会比窗外的那棵大树高!因为有时候它会卡在树梢间。”

“用什么做的呢？”

“当然是金子!”公主斩钉截铁地回答。

比拇指指甲还要小、比树还要矮，用金子做的月亮当然容易拿啦!小丑立刻找金匠打了个小月亮、穿上金链子，给公主当项链，公主好高兴，第二天病就好了。

这个小故事让我们明白了这样一个道理：日常的人际交往中，不少人往往很少考虑别人的感受，只是顾及自己的想法和意愿，总是为某件事费了九牛二虎之力，也难取得预期的效果。

良好的深度沟通，可以了解对方的想法，从而对症下药，达到自己想要的结果。同时选择好对方最关心的内容，做到直入主题，深度交流，沟通则会简洁高效。

## 02

看到过一位网友A与当事主人公进行深度沟通的例子（主

人公姓名用她代替），分享给大家。

她感觉自己在和女性朋友相处时，关系总是不能长久，而且大多数关系存在的问题，都是由亲密走向分裂，越是和亲近的朋友之间，最后的关系越是僵化得厉害。她在无比的困惑中找到A，希望A通过沟通，帮她找到问题的症结和根源。

沟通开始后，A从她的表述中得知，她最近正和一个女性朋友有些矛盾，那个朋友经常会否定她，让她感觉不开心、生气，但她为了不失去这个朋友，不仅没有把自己的这种感觉说出来，还一再迁就对方，导致她后来一想起来就更生气。

A请她回到与这个朋友相处的具体场景，她说起和朋友在一起聚会时的一件事。她跟大家说话时，话刚说了一半就被朋友打断，她感觉朋友对她是非常不尊重的，她虽然没说什么，但是心里觉得很憋屈。

当A让她重复数遍她自己的感受之后，她突然想起，她妈妈也是这样对她的。在她小的时候，妈妈也是这样否定她、不尊重她的。比如妈妈会说“你没有姐姐漂亮”之类的话，接下来，她又回忆出更多妈妈对她的否定言语，甚至在脑海中浮现出一个画面，当她还在妈妈肚子里的时候，妈妈在跟别人说，要不是姐姐生病夭折了，才不会要这个孩子。

她哭着说自己是多余的！是姐姐的替代品！她就是要做好

给他们看！在A要求她反复重复那些内容的时候，她逐渐意识到，自己和朋友之间的问题，都是因为她在不停地向对方证明自己是优秀的，是不能被否定的。这种喜欢较真儿的处理方式，导致她很容易跟朋友们感情破裂。

她觉得是因为离世的姐姐带走了妈妈的爱，才让她活在姐姐的阴影中。A请她尝试在烛光中与姐姐对话，当她想象自己面对离世的姐姐时，心里却是充满了感激，真诚地对姐姐表示感谢，感谢姐姐把生的机会留给她，她开始明白自己是一个独立的人，不是替姐姐活的。

最终，她感受到了来自姐姐对她的祝福。她终于下定决心要好好做自己，不再向别人证明，不再假装强势。她也理解了妈妈，妈妈念叨的，其实是对夭折的大女儿的思念，绝对不是想要伤害小女儿，更没有认为小女儿是多余的。

结束和A的沟通后，她回到当下，心里已经感受到来自妈妈和姐姐的爱，脸部线条比沟通之前已经柔和了很多。

由此可见，深度沟通，是可以直达对方心灵的魔法，不仅能够化解对方心底的困惑和情感上的不适，还能让两颗心彼此贴近，达到最好的沟通效果。

# 不怕短板太短，只怕长板不够长

## 01

燕子是个思维特别活跃的人，总有很多奇思妙想，给单位创造了很多收益。但是燕子心性单纯，不擅长处理职场纷杂的关系，很容易踩坑。这一点办公室的同事都能够看出来，部门经理也观察到了。

为了保护燕子不被伤害，让她发挥更大的作用，总经理曾经在会上强调，燕子是唯一一个可以越级申请公司任何资助的人。

燕子的短板和长处都很明显，幸运的是，单位的上司是一位伯乐，及时发现并保护着燕子，使其长处得以最大限度地发挥。

其实也可以说，这位部门经理，补足了燕子的短板，帮助燕子迅速做成她想要做的事情。

试想，如果一个人连像样的长处都没有，又哪来的短板？

这让我想起一个很有名的理论——“木桶理论”。

所谓“木桶理论”，前提条件是先有一个木桶。

木桶是由很多个长木板箍成一圈，再加个底座做出来的。底座是根基，而木板的长度取决于一个人能力的长短。有长才有短，正是因为长木板的存在，才有了短板要补。

可是如果一个人这个也不会，那个也不擅长，所有的木板都是短的，那充其量只是个木盆。甚至还有人什么都没有，就是一个底座。

当一个人审视自身，发现自己一无所长，连木桶都不算的时候，就不要说补短板，还是先找到长板再说吧。

其实当一个人找到了自己的长处，耗时耗力去补短板，恰恰是最没效率的做法。

我们首先应该承认一点，人是各有天赋的。虽然我们经常说人人生而平等，但是人的天赋的确是不平等的。

就像上学时候那样，有人数学特别好，上课稍微一听，题就会做了，有人费了老大的劲，却还是听不懂；有人写作天赋极高，写作文不费吹灰之力，有人学写了多年，却在课堂上整整憋了两节课，也憋不出一篇几百字的作文。

我初中时期的同班同学刘霞，就是学校有名的“数学皇后”，她只是在课堂上听听课，课下从不见她做作业以外的习题，可是她的数学成绩每次考试都是第一名，这让我们特别羡慕。

刘霞的逻辑思维能力超群，老师的例题一讲，她就能够举一反三，任何难题到她的笔下，就变成了纸老虎，一捅就破，轻轻松松就做出来了。

我的另外一位同学张芳，老师上课布置完题目，通常会要求我们第一节作文课先打草稿，第二节再誊抄在作文本上。但是张芳不用，她写作文从来不打草稿，从老师布置完题目，到她写完交作业，从来没有超过30分钟，我们都叫她“作文天才”。

后来，刘霞和张芳，双双以特长生的身份，被我们那里的重点高中录取了。

每个人都有自己的天赋，在各人成长过程中，我们对自己擅长什么，不擅长什么都已经了如指掌。那些我们能力的短板，就是我们不擅长的事情。如果我们总是在不擅长的事情上努力，往往容易事倍功半。

人的精力是有限的，如果我们总是在不擅长的事情上花费过多的时间和精力，那么分配给擅长的事情上的时间自然就会很少。久而久之，擅长的事情就会被荒废掉，也可能变得不那么擅长了。

如此看来，我们非常努力地去补短板，却可能荒废掉长板，结果反而得不偿失。

不管我们愿不愿意承认，通常情况下，我们现在的短板很可能会是一生的短板。

即便通过后天的努力，可以让短板变长一些，可是和我们原本的长处相比，依然属于短板。充其量是让自己的短板稍微进步了一点，但短板依然是短板。

发展强项，集中精力去提升自己的长处，把擅长的事情做到极致，才是我们最应该专注做的事情。然后，学会找一个能够补足自己短板的人，相扶相持，互帮互助，才最可能让事情事半功倍。这是双赢的方式和结果。

## 02

我认识一位叫马利的女老板，她是个精力特别旺盛的人。离异后，她独自带着一双儿女生活，两个孩子都送去私立学校上学，每周接回家一次。

她自己经营一家保洁公司，公司的大小事务都亲力亲为。每天忙完公司的事情，回到家都已经是夜里12点以后了。周末大家都休息了，她还要带着儿女到公司加班，处理一些琐碎的事情。经常是，孩子在桌子旁写作业，等她到夜深才一起回家。

虽然她本人从来没有说过一个“累”字，可是血肉之躯，毕竟不是机器。不到两年时间，她就被查出患有乳腺癌。

原本这个病的治愈率还是比较高的，在成功做完手术后，医生让她以后不要再工作，把孩子交给前夫带着。

可是马利个性太要强，她居然在病情好转后，又开始拼命加班，并且不放心把孩子交给前夫，照常一个人带两个孩子。

这样一年后，由于劳累导致病灶转移，马利再也没有机会陪伴她的一双儿女了。

一个人的精力毕竟是有限的，学会把琐碎的事情交付出去，保证自己规律的生活，正常的作息，拥有健康的身体，才是长久之计。

为什么有些人明明能力很强，却总是败给琐事？马利的故事，就是一个最直观的答案。

不管是选择自己创业，还是选择到公司上班，当人们走到一定的高度，即便是能力超群，优秀无比，精力也难免有不济之时。

不要总以为自己很坚强，把血肉的身体当成钢铁之躯，强行为自己打气。疲惫往往能瞬间击垮一个人，哪怕仅仅是很小的琐事，积累起来足以让人难以招架。

无论是在工作中，还是在生活中，我们都要让自己学会辨别出石头和沙子。好好考虑自己必须做的所有事，那些影响重大的就是石头，剩下的就是一些时时都可能出现的沙子。比如生活中一些无关紧要的事情、工作上一些不重要的程序等，我们都可以视其为沙子。

我们可以把主要精力和时间，都放在集中处理好一到两个石头上，就好像把石头先放进一个罐子里，那些细小的沙子，再慢慢填充进去。

像石头这种大事，不可以出一点差错，需要亲力亲为、谨言慎行。至于沙子这类的事情，即便做的不够好，也不会给大局带来影响，所以只管交付出去，以便让自己有充沛的精力处理更多的石头。

腾出时间，把精力专注到重要的事情上，是一个成功者必备的业务素质。

就像马克·艾略特·扎克伯格说的那样：

我真的想清楚了自己的生活，不会在这些琐事上浪费时间和精力，而是尽可能地努力为这个社会服务。

我的大部分时间都花在思考如何更好地连接世界、如何更好地为社区服务上面，但很多思考并不是在办公室中、会见其他人或在从事真正的工作时进行的。

# 你可以让别人帮你把事做好

## 01 给团队成员赋权

《红楼梦》中的贾母，可谓是位高权重。可是不管是从电视剧中，还是从原著中，我们看到的贾母形象，都是满脸的轻松。

贾母是宁国府、荣国府的老祖宗，泰斗级别的元老人物，她伴随着整个家族的崛起与繁荣，在那样的大家族中，一定经历过无数风雨雷电般的风险，见识过无数的明争暗斗，明枪暗箭。

同辈人中，贾府虽然还有几个老妯娌在世，但是早已远离权力中心，而贾母却幸运地福寿满堂、大权在握。可是笑到最后的贾母，却不独霸这份大权。

在《红楼梦》中，她自认年事已高，很早就把家族大权交给儿媳妇王夫人。王夫人虽然不是个善于掌家的人，处理事情也没有贾母那般大家风范，但贾母从来不越俎代庖。

王夫人效仿贾母，又交权给侄媳王熙凤。贾母对孙媳妇王熙凤的工作，也是大力支持。

贾母的大智慧，该放权时放权，人情练达，更显出她的举重若轻。在《红楼梦》中，贾母是唯一一位集荣华富贵和长寿于一身的人。

如果我们用心观察，就不难发现，多数成功人士的身上，都有一个共同特点，就是善于授权。

任何人的精力都是有限的，如果一个人不分主次，事无巨细，事必躬亲，哪怕是最后把自己累死，也很难把所有事情做到完美的境界。

而成功人士总能合理地把事务分配给合适的成员，调动起大家的积极性，使团队上下齐心协力，更高效地完成工作，还能让集体中的每一个成员都发挥出自己的能量和价值。

而且，成功人士往往更懂得如何进行授权，他们对事情都能够做到理解要领，明确目标；能够合理地给员工分配任务，保证大家可以齐心协力完成整天任务；能够把握每一个成员的工作能力范围，洞悉大家的心理状态，引领出凝聚力强的团队。

单个人做事做得好，单枪匹马，终究难成大事。能带领一个优秀的团队，把事情做到极致，那一定是一个了不起的成功者。

懂得交付，学会交付，是一种智慧，更是一种能力。

## 02 交付：把专业的事交给专业的人

多依靠专业人士，往往会令自己做的事情事半功倍。

我的朋友小毛是一位资深律师，我有法律方面的问题时，她都能够站在专业的角度替我深入分析利弊，这就能够让我及时避开各种“坑”。

我们共同的朋友蒋姐，是一个月薪数十万的公司高管，可是，在家庭夫妻关系方面，她却是弱势的一方。明明知道老公出轨，为了孩子能有一个完整的家庭，她不断隐忍和退让。

小毛看不下去，劝蒋姐考虑清楚，自己这么高的收入，独自带着孩子生活，也能够生活得很好。现在为了一个渣男，让自己天天承受这种心理折磨，值得吗？

蒋姐曾经想过要离婚，可是婚后的共同财产，包括房子和车子，大部分都是蒋姐辛辛苦苦赚来的，离婚不敢保证财产分配能够倾向自己，也不能够保证一定能获得孩子的抚养权。这也是蒋姐一直纠结离不离婚的主要原因。

得知她的这些顾虑之后，小毛站在专业律师的角度给她建议，劝她想办法取得丈夫出轨的证据，为自己争取合法利益。

就这样，蒋姐通过合法途径，利用法律武器，拿到老公出轨的铁证，一纸诉状递交法院，提出离婚。后来，法院把孩子、房子和车子，家里的大部分存款，都判给了蒋姐。

我的朋友平医生是一位医学专家，当我和家人有健康方面的困扰时，她都能够站在医学的立场，用最科学的方式，很快给出最佳的解决方案。

有篇文章中提到："专业人士习惯从科学的角度做决策，确保严谨、缜密、万无一失，喜欢一切尽在掌握的感觉，只有这样觉得才靠谱、才踏实。"

专业人士在其所在的专业领域，拥有强大的分析能力。可以给我们指明如何趋利避害，在最高效的时间内有更大的收益，或者把可能出现的损失降到最低。

举个简单的例子，当你的汽车或是你的电脑、手机无法开机时，又或是你家的空调需要检测某个数据这些专业问题时，是不是还得依靠有相关经验的专业人士，才能更好更快地解决呢？

因为他们是经过专业系统的学习和实践的，这并不是哪个人依靠买本书，或者自己靠百度搜索就可以替代解决的。这就是我们经常说的术业有专攻。

同事家的孩子，因为抑郁症险些自杀。后来经过专业心理咨询师的循循善诱，变成了一个阳光开朗、热情无限、蓬勃向上的姑娘。去年高考，她还考进了北京舞蹈学院，前途一片光明。

专业的问题，依靠专业人士的点拨，不仅能够节约时间和金钱，还能帮助人们开启新的生命历程。

# 第二章

# 跟所有人
# 轻松相处的办法

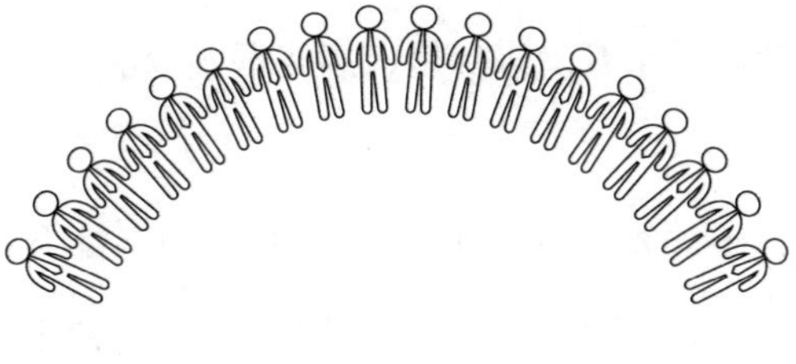

# 真正的朋友是雪中送炭的人

朋友王丽是一家企业的老板，她本来就是个性格豪爽、爱交朋友的人，朋友圈里有数千微信好友，她身边萦绕着鲜花和掌声，每到节假日，她家里更是宾客盈门。

所有喧嚣热闹，在2016年5月戛然而止。王丽在体检时，被查出肺癌，需要入院手术和化疗。入院初期，以前那些逢迎的朋友还会隔三岔五前来探望，后来慢慢冷清下来，变得门可罗雀。

以前，王丽发个朋友圈，几乎每个动态都会得到几百个“赞”。可是入院手术一段时间后，朋友圈越来越冷清，她甚至怀疑自己手机里的几千粉丝是不是变成了僵尸粉。

化疗中的王丽，头发逐渐脱落，不光身体承受着巨大的痛苦，精神也开始变得压抑无助。除了家人和几个贴心的好友，偶尔还会来医院安慰她一番，以往围着她极尽甜言蜜语的那些人，再也没有出现。

王丽感觉自己像是脱了线的风筝，随风飘在漫无边际的云端，任凭风吹雨淋，再也找不到任何归属感。经过两次手术，数次化疗，2017年12月，病入膏肓的她被家人接回老家，准备后事。

在她病重期间，经常前去探望她的，到最后只剩下我和其余四位以前的同事和朋友。后来也是我们五个人一起，驱车到几百公里外，去参加王丽在家乡举办的葬礼。

葬礼无比冷清。

疾病，最能检验人心，也最能检验哪些人才是真正的朋友。

一场重病之后，你才知道往日那些风光其实都是虚幻的，真正能陪伴你的是少数人。人生在世，值得珍惜的人真的少之又少。

小区的王姨，曾经是单位的一把手，在职时，家里经常会有单位同事拜访，日常生活中的很多小事，不用她张口，总会有同事主动帮她办好。

王姨无比清晰地记得，五年前的一天，自己和老公恰巧都在外出差，女儿在溜冰时没有戴好防护装置，不慎摔倒骨折。下属小梅，就像一个亲姐姐一样，在医院日夜守护着女儿。小梅每天就在病床前，先把自己手头的工作处理完，然后就忙着给孩子补习当天的功课。饭点自己亲自下厨，各种荤素营养搭配不算，还按照医生的嘱咐，每天都要熬上一锅浓浓的排骨汤。

直到一个月后，王姨的女儿返校，不仅体重增加不少，就连学习成绩也没有受丝毫影响。王姨无比感激，同时也感觉小梅做事值得托付，年底就破例提升小梅做了办公室主任。

还有自己的下属刘洋，每次只要遇到下雨下雪的天气，都会热情主动地开车接送王姨。特别是早班时，担心王姨来不及吃早餐，刘洋在接她上班之前，一定会多带上一份准备好的早餐，并一再嘱咐王姨记得吃，还反复提醒说，不吃早餐对身体的危害太大。

王姨特别感动，她也没有亏待刘洋，在她的一路扶持下，资质平平的刘洋，在单位已经坐到部门经理的位置了。

去年王姨退休，家里一下子就冷清下来，王姨在职场打拼了一辈子，这点人情世故倒也不再放心上。可是有一次，王姨下楼时不小心扭伤了腰，家里儿女都在外地，老伴儿两年前突发心脏病去世，她就拿出手机，拨打单位里自己曾经照顾过的同事的电话，希望能够得到帮助。

可是接连打了包括小梅和刘洋在内三个人的电话，对方不是说正在出差，就是有别的难以到场的理由，异口同声建议她拨打120。这时候正好有一位邻居下楼，赶紧帮着联系120后，又陪她一起去医院办理相关手续，直到王姨的儿女赶到才离去。

为什么退休之后，别人对你的态度会如此不同？

那不过是你没有了往日的权力。没有了权力，你对别人就失去了吸引力。没有了权力，你生病对于他们来说，都不是什么大事。

生死、离职、退休，都是人生必经的阶段。在这些阶段，哪个人心中不经历失落呢？在失落中，你会看到真正的人性。你不必悲观，因为人生本来就是个起起落落的过程。风光时，你要好好享受，但需清醒；没落时，你要挺住，心中要有光。人生不过短短几十年，愿你活得清醒而有光。

# 人际关系的精髓是自身实力

朋友小贾是位热情活泼的姑娘，在一个500多人的公司任职，平时无论碰到哪位同事，她都会开心地和对方打招呼，有机会就会加对方为好友。

公司里每一位员工的微信，都在她的好友通信录里。

用小贾的话说：大家都是同事，交往好了都能成为朋友，总比大街上的陌生人可靠多了。再说了，朋友多了路好走，我真诚待人，等我有什么事，大家也会帮我的。

时间一长，单位所有人都知道小贾是个热心的姑娘，大家有个大事小情的，也都会第一时间想到她。

但是，一个人的精力毕竟有限，当小贾把太多的时间和精力用来维护朋友关系的时候，小贾的工作业绩却成了全公司最差的，这就引起了领导的不满。

刚开始，还会有几个曾经接受过小贾帮助的同事，在领导面前替她求个情，事情也就过去了。

这更让小贾坚信，朋友多了路好走，她比以往更加喜欢帮助别人，做一些力所能及的琐事，用以维持她心目中的朋友关系。

其间，主管连续两次找小贾谈话，希望她找到正确的职场方向，想办法提升工作业绩。可是小贾人缘实在是太好了，同事们总是喜欢找她帮忙，小贾仍然是忙得像个陀螺一样，工作成绩却不见起色。

三个月后的一天，当小贾像往常一样，满面笑容地走进公司，和每一位她遇到的同事热情打招呼的时候，发现大家都在刻意回避她，这让小贾感到无比失落，也有些不知所措。

办公室充斥着无比诡异的气氛，大家都心照不宣地做着自己的工作。

直到下午下班时，顶头上司让助理通知小贾去他的办公室，从上司的口中她才得知，自己因为业绩连续落后，即将被公司解雇，新人员的就职任命书已经拟好，告诉小贾可以不用再来公司了。

原来，在小贾还没有得到通知的时候，这个消息就已经在办公室传开了，这就是大家见到小贾刻意回避的原因。

从上司的办公室出来，小贾心里充满了不解和落寞，她是在这个公司朋友最多的人，她是最热心的螺丝钉，公司的每个人都找自己帮过忙，可是，为什么开除的却是自己。

小贾收拾完办公桌上的物品，默默走出办公室，一个人孤独地走进电梯。

一路上，有公司同事见她走过来，就远远地躲开了。

在电梯里，小贾情不自禁地流下了眼泪。

快要走出公司大门的小贾，听到背后有人叫她，原来是她到这个公司以来，唯一没有主动麻烦过自己一次的罗姐。罗姐快步追上小贾，递给她一张名片："这是我最好朋友开的公司，如果你实在没办法的时候，就打电话给她，她会给你一个机会。其实你工作能力一点也不差，就是把时间都耗费在太多不相干的人和事上了，姑娘，就当给自己上了一课吧。"

罗姐是唯一一位从来没有主动麻烦过小贾的同事，却又是唯一一位给小贾送行和提供帮助的同事。

知道为什么大家都不会跟要离职的人走得太近，特别是那些被辞退的人？因为怕被怀疑自己跟那个离职的人一样能力不行。因为怕得罪领导：你跟她走那么近，是不是想反对我？大多数人的远离，不过是一种自保。

那些明知这些利害的，还敢跟你靠近的，多半心中有太多不忍，有慈悲心。

这样的人，真的是雪中送炭，所以值得我们倍加珍惜。

# 线上交流百次，不如线下见面一次

朋友小顾给我讲过她和一个公司负责人杨经理之间业务交往的经历。最初，小顾是通过一个微信群认识的那位杨经理，因为业务需要，两人互加微信，说是好友，不过还是隔着网络的陌生人。

小顾是公司的销售，公司产品要销往对方公司，就需要通过这位杨经理打通渠道。小顾是个有心人，她留意到杨经理有一次在朋友圈发了一张给女儿报游泳班的截图，他亲自送孩子去游泳馆学习。

小顾发现自己刚好是那个游泳馆的会员，手里还有不少张游泳馆的赠票，正好可以让孩子上课后作为练习来用。

于是，在游泳馆的门口，她制造了一次偶遇，小顾手里几十张会员赠票，顺理成章地送给杨经理的孩子了。

就这样，杨经理有机会进一步了解了小顾推销的产品，并把产品推荐给公司，小顾成功打开了一个新的业务渠道。

接下来，小顾和杨经理的进一步交往，使业务上的合作有了更多发展的机会。因为产品质量好，加上小顾和杨经理的朋友关系，经营得也恰到好处，双方相处得轻松愉快。在多次顺利合作之后，杨经理又给小顾介绍了同行业的其他公司负责人。因为是朋友引荐，经过几次见面沟通，小顾的产品很快就进入这几家公司，她的业务范围也越来越广。

什么样的人才能成为朋友？在朋友圈里点个赞，别人根本记不住你，自然也不是朋友。有些人觉得互联网让人际交往更方便，所以见面交朋友可以省略了。殊不知，再好的网络情缘也不比当面一见。

见面，才能记住对方，才能通过他的言行举止，知道对方是什么样的人。然后，通过一件件事，才会了解对方是否靠谱。

# 首先要找到“利害关键人”

## 01

人与人之间的交往关系，多数都是以利害为转移的。在众多利害关系中，重中之重是对利害关系人的把握。抓住关键人物，事情就好办很多。

讲一个身边朋友的故事。我的同学王凯，大学毕业后进入一个集团企业学校任职。因为这是自己进入社会后的第一份工作，也是自己热爱的工作，他把学校当成自己的家。这个学校的校长杨校长，是集团董事长的岳父。在杨校长任职这个学校后，他把整个学校视为自己的家庭，所考虑的问题也是从一个大家庭的整体利益出发，比如老师应该如何敬业，如何爱学生，如何让学校变得更好。

杨校长在处理任何一件事的时候，总会顾及老师、学生和家长的共同利益，带着这样一个公心来处理事务，所以他对于老师和家长学生的建议，只要是有助于推动学校良性发展的，他就会采纳，并全力推行实施。

正因为杨校长有这样宽广的胸怀和格局，像王凯这样以学校为家的老师，才敢于提出各种改良的意见。正因为王凯也是个以公心来衡量利害的老师，哪怕是杨校长跟他的观点完全相反，他也敢于直言，提出自己的观点和建议，更不会担心领导会为此敲掉他的饭碗。

他们曾多次争得面红耳赤，最后，大家还是以公心来衡量利害，在发展和壮大学校的大局上取得一致。

据王凯回忆，有一次晚饭因为食堂师傅的疏忽，没有精准了解食物的属性，在用四季豆炒菜的时候，有些欠火候，学生食用后出现了中毒的症状。因为四季豆如果不能完全炒熟，是不能食用的。

当时是晚自习时间，发现有学生出现食物中毒症状后，老师们立即统计各班食用菜品的情况，同时拨打120。当晚全校老师都是彻夜未眠，一部分老师自发在宿舍巡视，避免其他学生出现健康状况。另一部分老师跟随食物中毒的学生到医院，安抚照顾，直到第二天，确保所有食物中毒症状的学生安然无恙后，老师们才和学生一起归校。

事发后，校领导立即下达通知，每个出现中毒症状的孩子的家长，在家长没有任何诉求的情况下，学校为每个学生家长支付精神损失费2000元，并多次表达歉意。原本的一次意外事故，却提升了这个学校的口碑，成为家长们口口相传的榜样。家长们都觉得，把孩子交给这样的学校，更加放心了。

杨校长和王凯这样的老师，在这场上下级的合作中，彼此都抓住了利害关系人，他们都是以公心来衡量利害关系的，所以他们之间的合作，能够使这个学校更加繁荣，成为现在中小学教育中首屈一指的名校。

## 02

朋友栗子所在集团的总经理张柳，在创业初期，是一个很会笼络人心的人物，深知各种利害关系。栗子说，他就是能做到“解衣衣人，推食食人”的人，同行业的能人志士，很多都被他挖到公司里了。

让栗子印象最深的一次是，公司的上层领导何宏，因为家里老人生病住院，妻子又突发肺炎，他一个人照顾不过来。张柳就和何宏三班倒，轮流在医院照顾老人，端屎倒尿。病房不知道的病友，还以为他们是亲兄弟。

老人身体有所好转后，张柳还自己出钱，帮忙雇了两位高级护工，陪同何宏日夜守护老人，始终不离床前，直到老人康复出院。这让公司员工无比感动，都暗暗发誓，一定会追随张总，永远效忠公司。

在创业时期，张柳和公司元老们的上下级关系，是如鱼得水式的，就连当时完全有能力自立门户的赵总，因感他的破例提拔和知遇之恩，也迟迟不忍离开。

曾在知名上市公司工作的大卫和简，也都前来投奔他，由于人心所向、人才济济，张柳的公司在同行业的各种竞争中很快就脱颖而出，成为业界首屈一指的公司。后来，张柳的公司成功上市。

## 03

在现实生活中，利害关系往往可能是不停变换的，今天看起来有利的人和事，留到明天或许会有害。

何涛创立自己的公司，也算首屈一指的能人，但他奉行的是“听话的有糖吃，对着干的全出局”，支持他的人会被他当成心腹培养，和他有不同意见的人会被他当成眼中钉。结果，何涛认为对他有利的人和事，最后却是对他有害的，他最终被他最信任的心腹出卖，最核心的公司机密被心腹出售给对手公司，何涛的公司陷入倒闭泥潭。

哪怕交情再深，如果利害关系已经改变，也该果断舍离，否则甚至有可能成为死对头。

秦冲和陈创，曾经有非常深厚的交情，被所有认识的朋友称为情同手足。大学毕业之后，两个人一起进入同一家保险公司工作，一起合作，攻下一个又一个客户。后来因为一个大的客户保单，是两人一起排除万难攻下的，由于利益划分不均，两人心生误会，互生怨念，最终因为利益分配无法达成一致，后来不再合作。再之后，秦冲的很多客户资源都被陈创撬走了。

甚至是在家庭中，家人之间的关系也会因为利害不同而有所区别。

本家两位表叔的经历，就是个非常典型的例子。两位表叔各自发迹前后，在家人跟前的不同遭遇，说明利害关系对家庭成员关系的影响。

两位表叔出身贫苦，幼年丧父，整天吃了上顿没下顿，所有的亲戚朋友，都视他们为瘟神一般，远远地见到他们就躲着走，唯恐听到他们张口借钱，或者是有困难求助的声音。两兄弟从小就看尽人情世故、世态炎凉，他们曾经伤心哭泣，也曾经心生绝望。为此，他们兄弟俩甚至商定，如果路上遇到亲戚朋友熟人，远远地就先行一步主动绕开走，免得大家都尴尬。

后来表叔弟兄两个，用辛苦打工挣下的钱，开始尝试做生意。因为头脑灵光，很快就积累下来他们人生中的第一桶金。之后就开始承包工程，生意规模拓展得越来越大。之前疏离的亲戚朋友都陆续开始上门，说着内容不同却都很动听的恭维话。

很多亲戚朋友，通过不同渠道，想挤进他们的工程队任职，其中一个在之前经常躲着他们的亲戚，对表叔弟兄两个的热情和吹捧，表现得尤为明显。有一次，我实在是看得云里雾里，就问表叔："怎么他和之前，就完全变成两个人的样子了呢？"表叔只是微微笑了笑："你还年轻，经历的事情太少。贫贱轻之，高贵附之，这是世上很多人的处世规则。"

利害决定关系，这是通常情况下，最常见到的社会现象和认知。当利害关系转变了，事情的发展导向也就变了。之前是亲戚们担心表叔弟兄连累他们，所以绕着走；现在是亲戚们希望表叔兄弟能够帮衬到他们，所以极尽恭维。

# 人走茶凉，是最自然的事

不少人感慨：曾经学生时期的同学，甚至一些玩得好的朋友，现在很多都已经渐行渐远了，现在又结交了新的朋友，有了新的生活。

人生的每一个阶段，当你在往前走时，而你现在的朋友，与你的方向不能做到完全一致，那么，分道扬镳是迟早的事。

很多人都有这样的体会，在职场上，没有几个人会选择和同事做交心的朋友。

工作中的每个人都是钻进套子里的人，我们看到的外在表象，就是职场人身上披着的套子。这些把自己裹进套子里的人，在职场都坚守着自己的立场，套子里面的真实想法，外人根本难以洞察。

很多人的确在工作中交到过很好的朋友，利益与真情在职场的确可以共存。但也不能排除，有些人为了达到自己的利益最大化，机关算尽，并不会把对方当成知心的朋友相处。而是为了达到自己的目的，都把自己伪装得善良又美丽。

职场的流动性，让人们的利害关系变得既短暂又极易变幻。今天的同事，可能就是明天的路人。所以这种关系，也是一种短暂的交融。

在职场，如果你工作优秀出色，颇得上司的赏识，那么和你同一个重量级的同事，则是最容易心生忌妒的群体。你可能会忌妒别的同事，别的同事也可能会忌妒你。哪怕你每天都在严谨地专注于自己分内的工作，不愿卷进钩心斗角的旋涡，但是，职场中的纷纷扰扰，无形中还是会把你卷进去。

朋友王杰在一所小学任教，并担任班主任，他和办公室的同事关系都很好。为了促使单位更正不合理的检查制度，几人商定，他们这个年级的四个班主任，同时拒绝检查人员进入教室检查。

其他三位班主任都是学校的老教师，王杰刚刚参加工作半年。令他不解和困惑的是，每到周一发奖的时候，其他三个班级都会有奖励，唯有自己的班级，每次都是差评。

后来王杰才得知，只有他自己傻傻执行了四人的私下约定，其他三位班主任根本没有当真。为此，王杰失去了那个学年的评优资格，真是得不偿失。

职场的利害关系，不仅短暂，而且危险。进入职场，不提倡在公司内部交朋友，更不提倡跟同事为敌，这条一定要牢记心间。过于亲密的关系，可能会影响工作的执行。

同事期间，大家因为曾经有共同的利益关系，会团结一心，一旦脱离这种群体性的利害关系，并不排除会有人走茶凉的状态。

我们同时也要清楚地认识到，人际关系的流动是常态，这是因为人生一直处于变动之中。人会离开一个场所，职位会有变动，思想也会有变化，朋友也未必总能跟你保持一致，更不要说同事了。

我们有时候看到的，“人一走茶就凉”这种现象，不只是人心的凉薄，更是世事的必然。无须苛求，更不必谴责。要学会用一种积极乐观的态度去面对。

## 读懂人性，自然会成为豁达的人

一个发生在身边的真实故事，把“利尽交疏”诠释得入木三分。

钱陶和张闯都是我的大学同学，上学时，二人情同手足，一个宿舍的兄弟，同吃同睡。

两人经常相约去打篮球，一起逛街，甚至约会都会一起。后来他俩一起合计创业，那个时候，校园IC卡卖得特别好，他们就一起找到批发商，想办法取得了各个高校的总代理。刚开始的时候，业务量小，是两个人分工，每人负责各自区域的学校。

后来随着业务量越来越大，就开始在各校招聘下级代理，代理们每销出去一张卡提成百分之五，大二、大三的时候，这两个人已经是很多大学生崇拜的偶像了。他们每人一部大哥大，出门吃个饭都是成群结队、前呼后拥。很多同学慕名找到他俩，哥长哥短地叫着，当然除了崇拜，还希望能够多从他们这里分些业务，能跟着挣些钱。

毫不夸张地说，钱陶和张闯大学期间的学费、生活费都是自己凭本事赚来的。除此之外，他们还解决了很多人的学费和生活费的来源问题。听他们宿舍的弟兄们说，钱陶每学期不仅不会向父母要一分钱，还会定时给家里汇去几千块钱，因为家里还有弟弟在读书，在他们家，他就是顶梁柱。

大四下学期，因为手机开始普及，校园IC卡的市场慢慢冷却下来。张闯忙着筹备考研，完全退出了校园卡的销售市场。钱陶因为家庭原因，不得不再想别的投资途径。

钱陶就张口向张闯借三万块，准备东山再起。2000年前后，对于当时的学生群体来说，三万块绝对不是一个小数目。

钱陶又瞄准了手机充值卡，依然用之前两人用过的经营运作模式。张闯提出让钱陶写个借条，并提出这三万块希望能够算成他的股份，即便他不参与运作，也能够有相应的提成收入。等到他考上研究生，再抽出本金。

后来因为两人在利润分配方面始终难以达成一致，张闯就提出把他的三万块退出来。但那个时候，钱陶已经把这些钱都用来进货了，一时半会儿，资金又回笼不过来，两人之间开始心生嫌隙了。

张闯一年后顺利考取西南某院校的研究生，钱陶之前用张闯的三万本金，一点点回笼后，分期归还给他。但最终，也没能兑现张闯提出的分成利润，这让张闯非常失望。从此二人桥归桥，路归路，曾经患难与共的伙伴，就这样形同陌路。

在前年的一次同学聚会上，二人之间始终没有一句对话。那种彼此之间的冰冷，令在场所有人都心生寒意。在同学们举杯庆祝的环节里，张闯在和席间每一位同学碰杯之后，略过钱陶，直接去了邻桌，那个场面，让我们看到了，熟悉之后的陌生，最真实的写照。

所谓利尽交疏，莫不如此。

难道人走茶凉不对吗？这是再正常不过了。如果能够理性认识到这些，还有什么不能释怀的呢？

“朋友”的概念非常宽泛，从点头之交到荣辱与共，都可以称之为“朋友”。

总有人喜欢用“物是人非”这个词来大发感慨，却忽略了时过境迁是人际利害关系解体的常态，大家终归要各自奔赴人生的下一站，不是吗？

曲终人散，天下没有不散的筵席。人和人之间的利益关系，亦然。所谓共事，就是指事情结束了，人就走了。此刻的朋友，不一定就是永远的朋友。我们谁都不可能丢下身边现有的生活，回到过去。

人生的利益场，不断有人离去，不断有人到来。新朋友成了老朋友，老朋友慢慢淡出我们的脑海，新的故事开始，旧的故事结束。

每个新故事的开始，都意味着新的结束，每一次结束又意味着新的故事开始。

利益之交，原本就应该对事不对人。人在江湖，读懂人性，做好该做的事，高效简洁。

# 第三章

# 让自己和他人
# 都轻松的神奇法则

# 你可以柔和而坚决地拒绝他人

伊莎多拉·邓肯曾说：有德行的人之所以有德行，只不过受到的诱惑不足而已；这不是因为他们生活单调刻板，而是因为他们专心一意奔向一个目标而无暇旁顾。

看到过这样一个故事。

一个大公司总裁想要录用一位贴身司机。他出了一道题目：在一个悬崖边上有一堆黄金，很危险，要想取到黄金，却随时有掉下悬崖的可能。请问，你把车子停在多远处去取黄金？

第一个应试者回答，停在五米处；第二个应试者说，停在安全地带，下车去取；第三个应试者说，我会远离悬崖，而且越远越好。

录用结果是不言自明的。

前两位应试者或者说是一种勇敢，可是他们只看到面前的诱惑而忘了危险，第三个应试者却清楚地看到眼前存在的危险，从而成功地拒绝诱惑远离危险。

在诱惑面前，要懂得拒绝。精简社交圈，就是在拒绝更多对自己无益的诱惑。

不懂拒绝和精简，其实是一种病。越是企图取悦所有人，误以为会带来更多的利益，其实身边的危险因素也就聚得越多，耗费的时间和精力成本更是得不偿失。

害怕拒绝和精简的人，是因为内心太过弱小。他们无法真正依靠自己，总希望从别人那里汲取些什么能量，事事害怕拒绝别人，那其实是一种真正的自卑。

我有一个初中同学，人特别好说话，别人想用他家里的任何物品，他都会乐呵呵地答应。有一次，他把妻子辛苦为女儿制作的工艺作品借给邻居逗孩子玩，结果被那孩子不小心给撕坏了。

妻子搂着眼泪汪汪的女儿，和他大吵一架。邻居听到妻子对他的指责，黑着脸说，不就一个手工吗？值得这个样子吗？做人真是太计较了。

这个初中同学，表面看起来热情助人，但他却从未得到大家的尊重，反而成为茶余饭后大家嘲笑的对象，说他这种人活得真窝囊，帮了别人，却害得自己老婆被别人怼。

作为同学，我看到的却是他灵魂深处，写满的自卑和对生活的无力驾驭。

其实，越是这种不懂拒绝的人，越不可能赢得真正的尊重。

不会拒绝别人的人，活得很是匆忙疲惫，经常赔上自己的休息时间，甚至是学习和工作的时间。

不会拒绝别人的人，总是在别人提出要求的时候，毫无自我见解地去迎合。

不会拒绝别人的人，其实是心理生病了，是一种灵魂软弱无力的病态。他们如果不懂得如何自我成长，就永远没办法治好自己的病。

# 合理说“不”，是对自己和他人的尊重

## 01

不懂得拒绝别人的人，自我界限感往往是模糊不清的。大多数情况下，他们都分不清自己想要的和别人想要的之间的区别，容易把别人的事情当作自己的事情。

他们非常在乎别人对自己的评价，认为别人对自己的看法才是最重要的。所以他们总是努力想要讨好别人，为了别人的认可，从来不敢拒绝别人。

这样的人，看似社交圈里每天都是熙熙攘攘，实际上都是毫无价值的无效社交。

看到一位网友讲述自己的故事。

**把人生活得恰到好处**

姑娘从小到大吃过不少不懂拒绝的亏。

一直以来得到的教育都是，“别人需要帮忙的时候，能帮就尽量帮”“不要轻易拒绝别人”“做人不要斤斤计较”，因此也就真的很少拒绝别人。

久而久之，不懂得拒绝别人，已经成了姑娘的毛病。每次别人提出让她很为难的要求时，她都不敢拒绝别人，好像拒绝了别人的要求就是犯了大错，内心特别不安，可是不拒绝呢，又会把自己陷入一个进退两难的情境中。

一开始只是路过帮别人倒倒茶水，最后变成经常牺牲个人时间帮人跑腿儿；一开始只是想顺手帮忙写几句宣传语，最后变成自己通宵写了几千字的文案……本来以为自己是在助人为乐，后来才发现只是在受累不讨好。

为什么有人会不敢拒绝别人提出的事情呢？因为他们害怕别人疏离自己，就只能选择用帮忙去迎合，不敢直面任何矛盾。他们不明白的是，一个完全不懂得拒绝的人，根本不可能赢得他人真正的尊重。

越是不会拒绝，事情的发展往往越复杂烦琐。

外公从来不是个好说话的人，任何干扰自己家人的事，他都会果断拒绝。

他经常说的一句话：身为一个男人，我的第一个任务是保护好自己的老婆孩子，除此之外，才在力所能及的范围内去帮助别人。

这话听起来好像很自私，可是却得到周围所有人的认同，很多朋友都说外公是个好丈夫，也是个好父亲，并且都为此特别敬重他。

外公毫不犹豫拒绝别人的风格，让别人在找他之前就会想好，这件事情会不会影响他，会不会影响他的家人，这样反复权衡之后再张口相求，对双方都是一种尊重和保护。

学会说“不”，是一种能力，更是一种智慧。

## 02

如果一件事情是自己能力达不到的，要学会及时拒绝。那不仅仅是对别人负责，更是对自己负责。

看到这样一段广为流传的对话：

“这个项目多久可以完成?”

“6个月。”

“4个月行吗？给你加50%的报酬。”

“对不起，我做不到。”

对话中勇敢地向客户说“不”的，正是创业之初的李彦宏，当时百度还只是一个不起眼的小公司。然而，正是李彦宏当时倔强的坚持，反而赢得了客户的尊重。

后来，这个客户告诉李彦宏，对于他的拒绝，自己非常满意，因为这反映出李彦宏是一个很真实和稳重的人，这样的人，他的产品在质量上一定会有保证。

敢于维护自己的尊严和利益，敢于拒绝，才能得到相应的尊重，才能让自己有底气坚持去做应该做的事情。

小时候听过这样一个故事，村里的女人生孩子，很少去医院。家里人会请来接生婆，在自己的家里为女人接生。

东街有一位婶婶要生了，那天很不巧，村里的接生婆去外地串亲戚，眼看羊水破了，婶婶的家人不愿意多花钱去医院，就病急乱投医，求着邻居大妈去接生。

大妈从来没有给人接生过，可是禁不住婶婶家人的哀求，就硬着头皮答应了，还拉上自己的儿媳妇做帮手。

可是婶婶当时胎位不正，婴儿的一只脚先露出来了，大妈当时就已经感觉到了不妙，提出让婶婶的家人赶紧送医院。

可是不知道当时的人是太愚昧，还是钱在他们的心里比人命更重要，婶婶家人坚持让大妈放心大胆地接生。听大人们讲，大妈那时候已经吓得瑟瑟发抖，手忙脚乱。

那天下午，婶婶的哀号响彻整个小村庄。村里的很多女人，都被婶婶的哀号惊哭了。

在生产的过程中，婶婶大出血，胎儿一直难以娩出。在她奄奄一息的时候，被闻讯赶到的娘家人强行抬到医院。

可是已经太晚了，大人孩子无一生还，一尸三命。医生说，婶婶肚子里是一对龙凤胎。

原本性情善良的大妈，一直认为婶婶和她肚子里的两个婴儿是被她杀死的，始终耿耿于怀，抑郁在胸，以致后来神神叨叨，精神错乱。直到去世，她再也没有好过来。

该拒绝的时候，就要拒绝。果断的拒绝，有时候不仅是在维护自己，也是在保护别人。

# 合理拒绝，就是善待自己

合理拒绝，原本可以理直气壮，但并不是每一个人都能毫不犹豫地执行的。

记得我刚参加工作的时候，宿舍一共住了四名年轻女同事。因为有段时间我经常下班回姑姑家，那些住宿舍的同事天天要我给她们带早点，或者是别的日常用品、零食之类，从不问我是否顺路。

这给我带来很大的困扰，可是我始终不好意思拒绝。

有一次因为粗心，我把卫生巾的牌子买错了，还被同事指责“不知道操心”，要求我去调换，当时我心里感觉特别难受，就拒绝了她的要求。

那以后，我忽然明白了，我的一味接受和妥协，靠着牺牲自我的感受，换来的并不是尊重和友谊。

我坚决再也不帮她们捎任何东西，慢慢地，她们反而对我态度和善了许多。

接受是人的本能，拒绝则是人的姿态。

人和人之间的交往，一旦牵扯了私欲，很多事情就可能会失控，这就是人性。

举个生活中最常见的例子，我们经常会遇到各种商家打着“免费赠送，免费试用”之类的旗号进行的促销活动，如果你一旦有了占小便宜的念头，接下来就会给自己招来对方无休止的纠缠。

小青是小区的一位全职宝妈，丈夫每个月的收入足够她安心在家带宝宝。为了照顾她的身体，丈夫还给她请了一位保姆，帮忙做家务。

在有一次出去逛街的时候，小青碰到美容院送美容卡的活动，并被邀请进店体验。小青被对方各种热情和免费体验的承诺说动了心，就鬼迷心窍地走进了美容院。

可是明明说好的免费，在出门时却被告知，小青体验了两个付费项目，共5988元。

小青很生气，说服务人员从来没有说那是需要付费的，只是问她还要不要体验一下别的项目，因为她们一直承诺，今天是试着体验。小青在毫无心理防备的情况下，被误导了消费。

可是根据美容院的陈列清单，小青体验的确实是收费的项目。小青无奈地透支信用卡，支付了费用，虽然家里不差钱，可是这种打落牙往肚子里咽的感觉，让她郁闷了很久。

在商家投出诱饵的时候，你只有果断明了地拒绝，才不至于给自己惹来无穷尽的麻烦。喜欢占便宜的人，都可能会付出更多更大的代价。

从某种意义上说，精简自己的圈子，学会拒绝别人，也就是在善待自己。

## 善用拒绝，反而能够赢得尊重

关于拒绝，来看一个罗斯福巧守秘密的故事。

罗斯福在海军任职时，有一位朋友向他打听海军在加勒比海一个小岛上建立潜艇基地的计划。

罗斯福向周围看了一眼压低声音说："你能保守秘密吗？"

对方答道："当然能。"

罗斯福笑着说："我也能。"

罗斯福在幽默风趣中让对方接受了自己的拒绝，同时也让对方有一个走下去的台阶，不至于在心理、情感上无法接受。这样既守住了军事机密，同时维系了朋友之间的友谊，不失为一种天才的拒绝方式。

生活中，会适时地说"不"，是一种智慧，更是一种魄力。生活中有的人，不懂得拒绝诱惑，不懂得拒绝别人的要求，结果反而把自己的生活折腾得一团糟。合理地拒绝，是为了更好地生活。

不要违背自己的意愿，去做自己不想做的事情，从而让自己失去快乐生活的体验。

认识一个叫娟子的姑娘，品性很好。刚工作的时候活泼开朗，为人随和。同事让她帮忙在办公室签到，朋友让她帮忙写个工作计划，室友让她帮忙洗件衣服……她从来都会毫不犹豫地答应下来，自己帮不了的事情，还会找别的朋友来帮忙。

可是如果她做得不好，就会被埋怨，她做过很多这样吃力不讨好的事情，甚至还有人在背后诋毁她。这就是人性使然，有句话说得好，“合理的拒绝并不一定会得罪人，无条件的接受也不一定会令对方愉悦”，重要的是你该如何表达。

不想做的事情一开始就要拒绝，如果一开始没有拒绝，后来只能让自己更加难做。同事张雪和刘姐关系本来不错，但却因为一次聚会，闹得非常不愉快。

刘姐在家里举办生日晚宴，邀请张雪参加，可是张雪那天刚好身体不舒服，而且和男朋友因为种种原因分手，整个人状态特别差。

在刘姐邀请她的时候，她完全可以拒绝参加，哪怕事后再说明状况，相信大家都可以理解。可是张雪就是不懂得拒绝，还是让自己在那样的状态下，出席了刘姐的生日晚宴。

席间，大家都是喜庆祝词，唯有张雪心不在焉，闷闷不乐的样子。不仅刘姐以为张雪是故意让她难看，连同席的朋友们都跟着产生了误会。

所以不想做或者不方便做的事情，一定从一开始就拒绝，免得引出更多的麻烦和困扰。不懂得适时拒绝的人，哪怕八面玲珑到把自己累死，也不会得到别人真正的尊重。就像毕淑敏说的那样：

拒绝是苦，然而那是一时之苦，阵痛之后便是安宁。

不拒绝是忍，心字上面一把刀。忍是有限度的，到了忍无可忍的那一刻，贻误的是时间，收获的是更大的痛苦与麻烦。

拒绝是对一个人胆魄和心智的考验。

能够游刃有余地说“不”，绝对是一种人生智慧。能够游刃有余地精简自己的社交圈，更是一种能力的象征。

## 拒绝诱惑，选最简单的正确之路

大学同宿舍姐妹雯子，肤白貌美，身材窈窕，是班级男生共同的梦中女神。可是每当有男生向她示好，或者邀请她吃饭看电影之类的，她都会表示拒绝。

哪怕是周末和节假日，室友们邀请她逛街、跳舞或者聚会，她也是一概拒绝。为此，同学都认为她太不合群了，便慢慢疏远了她。

但是雯子从来也不解释什么，只是一个人每天行色匆匆，穿梭在教室、餐厅和图书馆之间。要么就是在做题写论文，要么就是在啃着如砖头般厚厚的书籍，要么就是在宿舍看全英文的小说和纯英版的电影。

那天周末，宿舍的姐妹都出去玩了，只剩下我和雯子两个人，雯子跟我讲了她自己的故事。

雯子高中时期，有一个青梅竹马的男友，高考顺利上榜名校，进入北京大学。但是雯子高考失利，沦落到本省这所普通大学。

在这个学校，室友们经常相约逛街、跳舞或者约会，谈论的话题多为毕业后的就业和结婚生子、儿女情长。可是雯子心里，有她惦记的风景。

雯子去过一次男友的学校，她说，原本以为名校的女生，都是没有颜值的。可是亲眼见识过之后，才知道人家占尽了得天独厚的优势，却还是在拼命努力。

进入名校的男友，梦想四年后出国留学深造，希望雯子能和他再来一次相约。雯子想去，不仅仅是为了爱情，更是为了自己的人生。别人学习，是努力。雯子学习，是玩命。

她每天4点半准时从床上爬起来，站在校园操场的路灯下背诵英语。每天除吃饭时间在餐厅以外，其他时间要么在教室玩命刷题，要么在图书馆记录笔记。

白热化玩命学习拼搏的四年大学生活，让雯子脱掉几层皮，还好终于如愿和男友一起出国留学。

雯子现在在美国，有自己的房子和独立的工作室。男友已经是美国某高校的知名教授。

## 把人生活得恰到好处

看到过这样一个小故事。

一位年轻人问老者："我怎样才能成功地攀登到梦想的山巅？"

老者微微一笑，从地上捡起一张纸，叠只小船放在身边的小河，小船不喧哗，不急躁，借着水流，一声不吭地驶向前方。途中，蝴蝶、鲜花向它搔首弄姿，它不为所动，默默前行……

老者说："人的一生，金钱、美色、地位、名誉、诱惑太多。选定了奋斗目标，途中因思谋金钱而驻足，因贪恋美色而沉沦，因渴求名誉而浮躁，因攫取地位而难眠，故难以像小船一样，不为诱惑所动，向着既定目标默然前行。这就是有些人做事往往半途而废，不能成功的原因。"

年轻人恍然大悟，打点起行囊，迎着风向山顶爬去。

想和别人到达同一个目标，总要有一个阶段玩命拼搏，不是以前，就是以后。但一个更重要的前提是，先要学会拒绝影响自己前进的种种诱惑。

# 第四章
# 时间的复利魔法

# 高质量勤奋的要诀是有效使用时间

## 01

学习上，是听懂老师讲解重要还是记笔记重要？记笔记是比较简单的，非常容易做到，但是听懂需要耗费巨大的脑力。但是从长远来看，学习好的永远是听课听懂的人而不是记笔记记得好的人。

有一件印象非常深刻的事情，在我的初中阶段，有一位叫秋芝的女同学，属于超级刻苦认真的类型。那个时候的孩子，很少自己到校外买卷子做。她每个学期都自己买卷子，各科都买，买了就认真地做。

通常情况下，我们每天能够按时完成老师布置的任务，都已经很不错了，那时候农村的孩子每周上六天课，只有礼拜日可以回家换洗衣服，然后继续返校学习。

秋芝除了完成老师布置的任务，还利用吃饭、午休或者是晚上熬夜的时间，把那一套一套的卷子，加班加点地做了出来。

可是，不管是老师布置的作业，还是她加班加点做出来的卷子，她的答案总是错的。

但她依然那样勤奋努力，那些题只保证做了就好，至于对错，她好像从不关心，也从来没见她纠正过错题。

她是班里面最刻苦、最勤奋的学生，可是每次考试成绩出来，她都是差等生。

有热心的同学劝她，不要再买卷子做了，还不如把老师留的作业、错题多订正几遍呢。

可是她总觉得自己是因为做题太少，所以学习成绩一直上不去。

秋芝始终认为，汗水和收获总有一天能成比例，“吃得苦中苦，方为人上人”。

每当看着她不休不眠的身影，坐在教室，不停地做题、做卷子，都有一种很无奈的心疼感。不仅是心疼她用这种无用功，浪费了宝贵的时间，还有她的思想认知，也在一点点地拖垮她。

低质量的勤奋，只是给外人营造出“我很努力”的幻觉，它比懒惰更可怕，更能伤害当事人本身。

真正的勤奋，不是表面的马不停蹄，而是学会高效地利用有限的时间，用智慧解决根本的问题。

这一点，我的高中同学佳音做得特别好。佳音不是学霸，没有胜过常人的头脑，也不比班里的任何一个同学更刻苦，可是她是非常善于利用时间的人。

佳音在课堂上，知识点以听为主，记笔记为次。她把所有的学习内容分为占用大脑少的和占用大脑多的两部分。尽量缩短占用大脑少的那一部分内容所用的时间，更多的时间用来处理占用大脑多的那一部分。这样，在同样的时间内，大脑就得到了充分的利用。

就像老师常说的那样：我们要向课堂要效率。

在一次学习经验分享中，佳音是这样跟我们分享的：认真听课，并不是说把老师讲的内容一字不落地记录下来，这样做不但很辛苦，效果也不一定理想。而是要有选择地听，要有选择地记，笔记做到简明扼要。需要做到当堂听、当堂记、当堂理解，而不是先做笔记后理解，课上把老师讲的内容消化透，课下才能更充分地进行复习。课堂向老师要效率，课下向自己要效率。

在做题练习的时候，注意抓住试题的规律，可以从一个有代表性的习题中发现此类问题的一般性规律，并在此基础上举一反三，触类旁通。她认为，与其埋头在题海里奋战，不如在做完一些典型题目后归纳总结一下，看看这类题目有无规律可循。这样不但学习起来不累，还可以大大提高效率。

佳音那一年高考，顺利考进一所985院校，后来又上了研究生。

可见，成为高质量勤奋者的关键，不在于身体疲惫，而在于头脑的精进，在于精心思考过后的认真做事。

## 02

时间是最宝贵的，浪费时间就是浪费生命，用低质量的勤奋浪费时间，更是浪费生命。

有人说："时间就是一匹永不回头的野马，不管你愿不愿意，它都勇往直前，怎么也拉不回，如果你把时间束缚起来，最后，连自己的性命都要搭进去，被撕成时光碎片。"这就是时间飞速流逝的事实。

人们当务之急是让时间变得贵起来，远离低质量的勤奋。

## 把人生活得恰到好处

知乎上有这样一句话：以大多数人的努力程度之低，根本轮不到拼天赋。

很多人都错误地认为，努力，就是依靠坚定的意志力，坚持不懈。但是事实却是，盲目的努力，只是一种缓慢的消耗和叠加，低质量的勤奋，不过是画上精致妆容的懒惰。

就像曾经刷爆朋友圈的那句话：你只是看起来很努力。换句话说就是：低质量的勤奋，是伪装起来的懒惰。

雷军曾说过："不要用战术上的勤奋，掩饰战略上的懒惰。"低质量的勤奋者，通常都具备一些通病：做事没有条理，没有计划，一会儿东，一会儿西，给人感觉没有明确的目标，做事盲目随性；执行力差，显得拖拖拉拉，而那些高质量的勤奋者，执行力永远都是第一位的，做起来心无旁骛；没有确定适合自己的方式，没有自己的科学规划，容易人云亦云，甲说A方案好，他就执行A，乙说B方案好，他又犹豫要不要执行B。

同学小郑就是这样的一种低质量勤奋类型的人，记得每天做作业的时候，她不是嗑会儿瓜子，就是刷会儿微博，往往一个上午过去了，作业也没完成多少；任何一件事，不拖到最后关头就不动手；别人的意见哪怕再不合理，也很容易就能让她改变自己的想法。

小郑上班后工作平平，生活始终处在一种极不如意的状态。

我们身边肯定也有过这样的人，上课没怎么听，下课也没看到他有多么勤奋努力，但是考试还能名列前茅。这类人往往效率极高，总是能把别人没想到的提前规划好。

张冲就是这样的一个类型，他课前预习，课堂轻松驾驭，课下做题举一反三，我们总以为他是吊儿郎当的样子，其实是胸有成竹且驾轻就熟。

毕业参加工作后，张冲的这种超强执行力和规划力的优势，很快就体现出来了。他在单位，工作业绩出类拔萃，不仅每月都能够超额完成任务，还给单位带来了不少意想不到的经验收获，颇受领导赏识。工作仅仅一年，就被破格提升为部门经理。

后来，经过几年摸爬滚打的经验累积，张冲开始自己创业，有了个人的公司，在他的经营运作中，公司一派欣欣向荣的景象。

著名的桥梁专家茅以升说过：“人的大脑和肢体一样，多用则灵，不用则废。”

那些高质量勤奋的人，是习惯于高效率的人，他们的时间价值很昂贵，是要精确到秒去计算的。

## 03

工作中，有人喜欢干简单的，觉得快速高效，有人则喜欢挑战有难度的。5年后，会干简单工作的人还在干简单工作，钱一分都没涨。而会干复杂工作的人则实现了火箭速度的飞涨，需要亲自动手干的事情也越来越少。

火箭军装备研究院某研究所所长、导弹专家李贤玉，高二便参加了高考，而且还是当年黑龙江省高考的理科状元，顺利进入北京大学，后保送博士研究生。

天赋是绝对没问题的吧？但在记者采访她时，她却说出这样的话："我这个人没有多么远大的目标，也没有多么长远的打算。我的特点在于，一步一个脚印，只要有机会，一定能抓住。不管干什么，有踏实和坚持，铁定能干好。"

从这些话里，我们看到的是，一个有着超强执行力和严谨规划意识的优秀人才。

这就是高质量的勤奋者。

一位中国工程勘察设计大师在接受采访时，被问到如何才能成为大师，他说了一句很特别的话："不知道啊，起码我之前没想过成为大师。只不过是工作太多，干活儿就是了。"

这与李贤玉的回答，有着异曲同工之处。这些人的成功，有着惊人的相似之处，在于专注高效的执行力，他们在最初的时候，并没有设立宏伟的蓝图，只要是有活儿，认真干好就行了。

超强的执行力，就是走向成功的一把尚方宝剑。能够运用超强的执行力，把一件事情好好做到极致，那一定有意想不到的收获。

有着超强执行力的人，不仅具备高效率，而且惜时如金。他们更愿意在有限的时间里努力创造更多的生命价值，实干加巧干，既有行动，又有方法，更能够充分体现时间的价值。

李昂斯说，昨天是一张作废的支票，明天是一张期票，而今天则是你唯一拥有的现金——所以应当聪明地把握。

因此，不要浪费昂贵的时间，让它在我们的眼里宝贵起来，我们终将从中获益良多。

# 时间也是可以优化的

曾经有个学生苦恼地说："我每天都很努力地学数学，做各种练习题，刷很多的试卷，还报了两个补习班，可是一到考试，成绩却没有一点进步。为什么班上有的同学，贪玩又不够努力学习，明明没有我勤奋，但考试成绩却比我好得多？"

的确，我们身边从来不缺这样的例子，自己明明刻苦努力，但学习成绩却稀松平常。每天争分夺秒，从早到晚，让自己深陷于做题背书的忙碌之中，学习时间成倍增长，休息时间越来越短，学习效果却收效甚微。

这个学生没有明白，毫无目标的忙碌，与有计划的勤奋，结果是有着天壤之别的。只有远离低质量的勤奋，才能让自己的每一分努力，都能够有相应的收获。

老师让他暂时停下勤奋，静心想明白几个问题：自己数学中最薄弱的地方在哪里？自己平时的学习中，有哪些习惯是不好的？该怎么调整？自己目前的学习中，存在哪些问题？有哪些问题是急需解决的？怎样解决会更好？

他仔细想了很长时间，用纸和笔一条条清晰列出来后，突然间恍然大悟。他说老师，我明白以后该怎么学习了。自己以前的方法是不对的。力量都用错地方了，只能看到外表努力的样子，却收获不到学习效果。

那些表面上的刻苦，实际上是一种假的学习状态，刻意回避了真正需要解决的问题和学习中最有价值的部分。

表面刻苦，是把时间当成了最廉价的物品进行消耗。高质量的勤奋，是把时间当成了最昂贵的珍宝进行节约。做事前，首先要找到价值的最高点。

比如一个为高考而战的高中生，一定要先做自己最需要做的那件事，也就是对自己提升成绩最有效的那件事。

确保自己一直在做最重要的事情，也就确保了时间的高效利用。当你把最重要的那件事完成后，第二重要自然就变成最重要的了。

以此类推，按照主次，任务自然都能高效完成，分清轻重缓急，不用慌乱。

高中学习任务重，压力大，按照自己的计划，把今天准备完成的内容，比如背单词、整理错题、复习旧知识、预习新内容等，按照最高价值点的规律逐一有条不紊地去完成，整个过程就会变得举重若轻。

比如，很多人适合在早晨进行晨读，对大多数学生来说，早晨记单词、背课文效果都很好，是因为早上的时候，这些孩子的记忆力和专注力特别好。可是有些孩子，在晚上的时候，才最能静下心来思考问题，学习效率反而更高。

这就意味着，对不同的孩子来说，并没有整齐划一的时间表。所以一定要充分了解，孩子的最佳状态在什么时候，找到他们对应的精力巅峰，才能合理利用，这也是用更少的时间，达到最佳效果的高效途径。

朋友小贾就是一个特别擅长选择最高价值点来做事的人。她每天晚上都会写下第二天要完成的3—5件重要事情的简要计划，并全力按照主次规律完成这些事情，所以小贾每天都会感受到成功的喜悦，也特别有成就感。她每天的工作效率都非常高，工作越来越好。

像小贾这样，每天完成3—5件重要的事情，也就是找到每天所面临事情的最高价值点，按照主次依次完成。

而同事小李则恰恰相反，他总是觉得，每天都有很多事情需要做，每天马不停蹄手忙脚乱。

一天忙忙碌碌下来，却发现自己根本就没有完成任何一件有意义的事。反而把自己累得心力憔悴，常常陷入生活的挫败感中，工作也不见成效。

生活中很多人的现实就是这样的：似乎每天都需要做无数件事，永远不会在工作或生活中，深入到重要价值事项中去，最终却往往无法高效率地完成任何一件事情。

找到事情的最高价值点，寻找好的做事策略，不仅可以简化我们的生活，还可以让我们的思想轻装上阵。我们的思想应该是要用来思考新事物的，而不是一遍遍地重复烦琐无益的事情，去占用和消耗我们宝贵的精神能量。

任何以牺牲健康和消耗时间为代价的工作方式，都不是好的做事策略。

如果你真的要追求最高价值点的东西，那么让自己的身体状态和思想状态，始终保持积极健康和创新，这一点是非常重要的。

如果处理方式搭配不当，人生实践也就不能够与最高坐标搭配。这其实也是我们俗话常说的："好钢用到刀刃上，好马配好鞍。"选择事情的最高价值点，才能让事情事半功倍。

## 时间的复利魔法：多次售卖

做结果最好的事情，抓最能带来高价值的环节、洞察力。

为此，可以提高单位时间价值，把单位时间用得越来越有价值，保证每一份时间是最昂贵的；另外还可以保证，每一份时间可以卖出去多次。

例如，如果把自己的1小时时间，从卖100元，提高到卖1000元，这是在提升单位时间价值，这种方式有可见的天花板。

资料显示：在美国，医生、律师、咨询等行业成为最受欢迎的职业。因为这些行业在单位小时内能售卖的价值，相比其他行业来说是最高的。

在律师事务所，如果能做到提成律师、合伙人级别，还有利润分红，收益会更高。

但是这个收益，依然处于把单位时间卖得更贵的范畴，每份时间收益，依然位于预期范围之内，这种方式仍然有可见的天花板。

如果想让自己的时间售卖方式突破可见的天花板，可以尝试把每一份时间卖出更多次。比如出书和出唱片，或者开发软件和投资，就是单位时间投入固定，但是有可能N次售卖的方式。

对写作者来说，写书的时间成本和纸张印刷、排版、运输、销售等成本是固定的，但是随着时间的推移，达到多次加印，收益也会越来越高。

写作者一定要写时效性不强且有超强不可替代性的文章，只有这样，作品可销售的时间跨度才会更长，因为好文章自己会走路。

如果写作者有个人喜欢关注和研究的领域，并且在这个领域能够不断发表自己的见解和看法，或许暂时获得的关注不太高，但只要能够持续写下去，每一篇文章都会随着时间的推移，带来新的收益。

随着写出文章的数量不断增加，加上时间的累积，获得的关注度和收益也都会增加，并且会逐渐呈现复利式增长的模式。

对歌手而言，专辑的创作时间成本以及CD等唱片的物理成本和制作、运输、销售等成本是固定的，很多歌手靠一首歌可以卖五年甚至十年，达到N次售卖。

这些除创作者以外，书和唱片的无限收益的可能性，仍然是受到限制的。在这个互联网的时代，一份时间N次售卖的阻碍，已经完全不存在了。开发一个实用的软件，除去投资的时间成本等支出，后期的收益，几乎都是可以达到N次售卖。

同时，建议我们做自己最想做和最擅长做的事情，在收获经济收益的同时，可以让生命的体验也最有价值感。

不少人说过“选择比努力更重要”，这句话是有道理的。喜欢做的、擅长做的，更能够让人全情投入，全神贯注，倾尽心血，从而创造出不菲的成果和价值。

# 同一时间做多个事情的诀窍：使用统筹法

## 01

为什么做事要分轻重缓急？举个最简单的例子，比如需要做洗衣、吃饭、睡觉等事情，现在肚子饿了，那当务之急就要先吃饭，再洗衣、睡觉，不可能让自己在饥肠辘辘的状态下，先洗衣、睡觉，然后再吃饭。

曾经看到过一位职场女性的故事，我们就叫她A女士吧。

A女士在明尼阿波利斯市最大的银行工作，是一个高级金融分析师，她的部门负责10亿美元的业务，每一笔款项都必须计算进去。但是，她心中却不停地在为一个问题而忐忑：如果我告诉经理我已怀上第一个孩子时，他会说什么？

她担心的是，预产期意味着她将不能参加明年的整个预算工作。而她的老板丹对下属特别严苛，简直是把人当驴使。丹是一个工作狂，一天三顿几乎都是在办公桌上吃的。

那天周五，丹看上去极度疲劳。他匆匆忙忙地往他的公文箱里塞满文件，准备带回家去干。

A女士就想和自己的组长迈克好好谈一谈。

迈克几乎每天下午5点就下班回家。他有两个男孩，太太要上夜校。他的隔间里贴着三张照片，一张是他的孩子们在他亲手为他们做的攀缘游戏架上玩耍，一张是他担任教练的足球阻截手训练队的照片，还有一张是复活节全家穿着盛装，准备去教堂前的合影。

甚至在知道A女士有了身孕之前，他曾对她说："你可以把工作做完按时回家，弄清楚什么对你来说是重要的，其他的事可随其后。"

可是，丹才是公司的老板，任何人都得遵从他的时间安排。A女士已经不能再推迟和丹之间的谈话了，因为她马上要穿孕妇服。就在她准备起身去找丹谈话时，丹的助手在她桌子上放下一份备忘录。

A女士和组员被要求在报告中，将一组新的数字包括进去。丹在备忘录上写着"下周一交给我"。

A女士看了一眼，主机计算机已经关闭，因为是周末，周一前改好报告，意味着要在周六用手工来做。

每个组员都不想牺牲自己的周六去做这件事。

“我们不需要这样做。”迈克背靠椅子笑着说，“下周一，电脑一启动，我首先运行一个程序；周二我会对丹解释，多加一天可以保证不出任何差错。”

组员都相信迈克，因为他从来都不会牺牲和家人在一起的时间去做工作。

## 02

A女士过了一个糟糕的周末，她想，迈克或许跟他的孩子们打球去了。可她却无法入睡，心怀忐忑地想着：此次违抗上司命令事件之后，丹会如何看待自己的产假呢？

周一，迈克在组员上班之前就运行了那个程序，A女士核校她部门的有关数据，连中午饭都没有顾得上吃，一直坚持到干完，她一直想象着第二天早上丹盛怒的模样。

周二，A女士比其他同事到得都早，她倒了一杯咖啡，在自己的隔间坐下。看到丹昂首阔步地走了过来：“到我办公室来一趟。”

他正眼都不瞧A女士一眼，“马上过来！”A女士坐在他对面，颤抖的手压在大腿下面。

他眯起眼睛说：“我昨天需要那些报告，以便用来写我的发言提纲，如果那意味着你周六要干活儿的话，这是你分内的事。是正常的，相反，你却故意违抗。”

A极力克制着自己的泪水，正在这时，迈克飘然而进，手里拿着新的报告：“丹，给。”

他啪的一声把报告放在他桌子上：“保证准确无误，分毫不差，在我看来，一天的耽误是值得的。”

丹快速地翻看报告：“为什么你们不在周六完成？”

“那会是对人力的巨大浪费，因为这活儿我们可以用电脑来做，而且准确性高。”迈克说，“这样，我们就推到了周一做，我得遵循我自己的判断。”

丹花了很长时间看完第一页，然后点了点头。

在那一刻，紧张的气氛顿时烟消云散，就像即将爆破的气球突然泄气那样。A女士和小组成员用了整个上午，帮着丹为会议做准备，丹甚至咧嘴笑了。

那天下午，丹把小组成员们叫到他办公室，对大家说：“董事会认为，我们的陈述最为全面缜密。”

A女士和小组成员之间互相祝贺，就好像根本没有发生过不愉快的事情。过后，当A女士最终要去找丹谈她怀孕之事时，她顺便去了下迈克的隔间。

他在那儿，和以往一样努力地工作，周围贴着孩子们、阻截手训练队和复活节全家福的照片，这些不是分心的东西，而是他力量的源泉。正因为如此，他从不做浪费时间的决策，从来不把自己的地位或办公室政治放在心上，他对轻重缓急，心中自有原则：信仰、家庭，然后才是工作。正因为如此，他在这三方面都很成功。

“迈克，谢谢你为我做的一切。”A女士说。

“不就是一份报告嘛。”他说。

“不，不仅是报告。”

此时，A女士也有了自己的轻重缓急的原则，她起身去告诉老板自己的那个好消息。无论老板的态度是什么，此时此刻的A女士，她心里都已经知道自己要怎么做了，当下的她，最重要的是安心保护肚子里的宝宝健康发育。

只有时刻明白自己该怎么做，才能更好地解决问题，达到自己想要的目标，收获更好的生活。

## 03

我的大学同学良子，是个典型的工作狂。他有傲人的职场履历，30岁就已经是世界500强公司的市场总监。家里有美丽娇妻和一对龙凤胎的儿女。

在我们所有同学的心目中，良子无疑是事业成功、家庭幸福美满的代表。

那天，我陪孩子在游乐场玩耍，良子的妻子小茹陪着一双儿女刚好也在那里，孩子们一起疯狂玩耍，我和良子的妻子谈论着各自的生活。

良子的妻子原本在我印象中是个活泼开朗的女性，可是现在的她，神情里却是写满了焦虑和抑郁，空洞无神的眼睛飘忽不定。

从她的话里得知，良子工作经常早出晚归，应酬不断，公司的双休日也经常不在家，小茹成了名副其实的丧偶式妈妈。有一次孩子生病发高烧咳嗽，去医院一检查，居然已经发展成肺炎，医生当场要求住院。

孩子住院期间，小茹一个人在医院陪了半个月，直到孩子出院，良子也没有出现，只是让保姆过去陪了两天。良子说，他有客户要陪。

久而久之，家里再也找不到温情，良子事业越来越好，钱赚得也越来越多，可是，一双儿女却和他渐渐疏远，夫妻之间的交流几乎是零。

家成了良子的旅馆，小茹就是家里的看家保姆。小茹感觉不到一点夫妻感情，孩子也感受不到父爱。爸爸这个称呼，就像是一个符号。

良子就是那个不懂得如何应对轻重缓急的人，他为了生活的一个方面，却忽视了人生中最重要的全部。

每个人都想功成名就，可是在追名逐利的过程中，如果连最重要的家和家人都不懂得如何维护，那么，终其一生，也不过是空忙一场罢了。

能分清楚事情轻重缓急的人，才配当生活的最终胜利者。也只有这样的人，才值得委以重任。

历史上的于禁，是魏国五良将之一。他最早随鲍信起兵，后来又一起归附曹操，被任为官军司马，从此跟随曹操四处征战。

有一次曹操的青州兵四处抢劫，被于禁追杀后，就去告发于禁叛变，恰好此时张绣叛变来攻。于禁就先扎下营寨，然后才去见曹操。

曹操问他怎么不先来解释，于禁认为分辩事小，退敌事大。退敌为急事，分辩可缓行，不能够因小失大。曹操闻言，十分高兴，因此又封他为益寿亭侯。

能分清轻重缓急的人，清楚地知道哪些是要先做好的事，永远都不会顾此失彼，因小失大。

以前我接触到一种高效处理事情的方法，叫作“四象限处理法”，就是把需要做的每件事情，按照重要程度和紧急程度区分为：重要且紧急（第一象限），重要不紧急（第二象限），不重要但紧急（第三象限），不重要也不紧急（第四象限）。

当遇到事情时，先按象限进行区分，再去依照象限的顺序完成。

当我们按照象限去区分的时候，就不难看出，生活中往往会有事情突然发生，表面看似十分紧急，实际上当你静下心来，仔细观察思考就会发现，有些看起来十分紧急的事情，对我们反而是无足轻重的。所以完全可以不必影响自己最重要的事。

若谷在他的书中写道：做事情一定要分清轻重缓急，先做最重要的事，这样才能抓住事情的重点，才不会因为处理次要的事情而耽搁了重要的事情。

# 第五章
# 保持精进，终身学习

# 保持精进，至少可以不落伍

大刘是单位里唯一的技术人员。20世纪90年代初，大刘作为单位唯一的大学生，是重点培养的技术骨干，他在单位的位置是无人能够替代的。

不仅是单位同事对他如众星捧月一般，就连领导见了他也礼让三分，以表敬重。

长此以往，大刘也认为单位是离不开自己的。至于技术上的那点事儿，他已经是轻车熟路，闭着眼睛也能干好，单位又没有第二个技术人员，大刘毫无精进意识，也不知道学习新知识。

时代的变迁总是令人防不胜防，随着互联网的潮流冲击每一寸土地，一切都发生着日新月异的变化，因为CAD的广泛应用，像大刘这样的手工技术员，已经面临淘汰出局。

时光流转中，大刘已经人到中年。由于大刘那么多年没有任何新的学习和突破，更谈不上精进，技术已经轮不上他了。去车间做普工吧，又什么都不会干。单位效益又一直不好，大刘居然成为单位第一批劝退的人员之一。

上有老下有小的一大家子，顶梁柱先失业了，这对于家庭无异于一锤重击。大刘这个时候才知道后悔，那么多年的大好年华，没有让自己精进学习。明明最开始抓到的是一手好牌，却硬是让鼠目寸光的自己打了个稀巴烂。

已近中年的大刘，当年那个单位的大红人，现在为了养家糊口，四处卖笑拉活做苦力，让人不胜唏嘘。

无论何时，身处何位，都要学会让自己不断精进，只有在精进中，才能永远把握时代的潮流和人生的航线。

在《人生就要不断精进》一书中，作者提出一个五年计划的观点，非常值得借鉴。

试想，如果我们制订出一个五年计划，并严格按照计划执行，也就不容易在短期的零碎琐事中迷失方向了。我们随时可以清晰地判断出，哪些是重要不紧急的事，不再被紧急不重要的事情牵着鼻子走，也就不容易偏离自己人生的方向了。在不停歇地精进中，把握住人生的主旋律。

在精进中才能学会选择，弄清楚轻重缓急，明白自己最终想要的到底是什么，该以什么样的方式去追求。

哪怕偶尔面临一个不正确的选择，也完全有能力通过其他选择进行修正。让自己在追求的过程中保持目标明确坚定，走向自己真正想要到达的目的地。

懂得选择，前提是要学会不断学习提升自己的认知格局和眼界。这一点，决定了我们的眼光，所能看到的天花板。

要想在精进中取得长足发展，我们还要让自己拥有执行力，要让自己学会立刻行动，不要被一件事表面上看到的难度阻止了自己的脚步。其实有些事只是看上去很难，可是一旦开始认真去做了，过程反而没自己想象的那么艰难。

学会以我们自己心中的问题为中心，不断学习，让问题引领着我们，朝着既定的方向，去探索和创新。在这个过程中，不断总结和调整出更好的学习方法，不断明确结果导向，让自己更大程度地学有所获。

这个精进的过程，就需要我们学会精简自己的大脑，过滤没有价值的信息，筛选出客观事实，屏蔽外界的一切干扰，提炼出自己的看法和见解。

在《OFF学》和叔本华的《人生智慧》里面，就很好地诠释了精简一说：正因为人的精力有限，所以才要把一些无关紧要的内容删繁就简，减少占用大脑内存。

例如一个家庭主妇，想让自己从琐碎的家务中脱离出来，就要学会精简家庭购物清单，比如认定某物后，就在固定时间采购，绝不再去花精力选择。

不少名人也都有同样的处理方式，比如众所周知的乔布斯，他常年穿同一件衣服，并不是因为他只有一件衣服，而是他的衣服都是同款，这样就能省去选择搭配的精力。

# 保持精进，才能实现职业自由

看到网友分享了这样一个故事。

我有一个学姐，曾经是校广播台的台长。在我刚竞聘去校广播台做编辑的时候，她就带着一副窄窄的眼镜，坐在播音台前，认真地录着当天下午的稿子。声音清浅，不温不燥，整个下午，我就在台前听完她的播音。

后来，听广播台的同学说，学姐其实是化工专业的，因为不想离开父母太远，就选择了在家附近的大学，高分来到学校，并一直保持年级第一的纪录。她每周抽出两个半天过来广播台播音，声音已经达到专业播音员的水准，都是她从高中开始自学并慢慢锻炼的结果。我想，或许不断精进的人，大多都是出色的。

有一次，在下楼梯的时候遇到她，她摘下耳机跟我打招呼，我笑着问她，最近在听什么音乐。她说，也不知道最近流行什么了，其实在听的是中央广播电台的节目。问她能应付过来这么忙碌的生活和学习吗？她说没什么，自己喜欢最重要。

跟随内心的需求，不断精进，是她的生活常态。

听说，毕业以后，她选择了继续深造，深造的专业并不是本科的专业，而是去了中国传媒大学学习播音主持。感叹之余，更加羡慕这种游刃有余的超自由的选择权，不断去尝试生命中所有的可能性，在每一次选择的时候，都是尊崇自己的本心，而且也有足够的信心去做好，是一种多么难得的境遇。在不断的精进中，探索到人生的主旋律。

精进才是少做事的前提！

如果我们静下心来，仔细地去观察生活，就不难发现，那些在某一方面特别优秀的人，他们都有自己的追求和爱好，并且能够通过自己的坚持和努力，经过长时间的积累，持续不断地精进自己，在未来的某一个时刻，惊艳到生活，美丽了自我。

我想起一位知名美女作家，刚步入职场时，她经常入不敷出。可是，尽管如此，她从来不放弃自己写作的爱好，每天下班后坚持写作，并尝试投稿。

经过长年坚持不懈的努力，她的作品终于被一家杂志社注意到，并且聘请她去做编辑。她依然笔耕不辍，她的文章逐渐开始小有名气，于是她又开始策划自己的杂志。

新媒体时代的到来，让她更加如鱼得水，她现在在旅途中就可以完成工作上的任何事情，旅行、工作两不误。

在她不停地精进后，俨然已经成为本职工作的专家，可以得心应手抓住工作的本质，精简流程，将事务减少。

她成为大家心目中，用精进的态度实现财务自由的美丽女神，是无数女性羡慕的对象。

精进做事，正如梁漱溟先生所强调的两个字："郑重。"用郑重的态度，"不敷衍、不迟疑、不摇摆，认真地聚焦于当下的事情，自觉而专注地投入"。

人生就要不断精进，主动精进的人，最后都会把生活化繁为简，收获到更多的自由和自我。

# 保持精进，意味着终身学习

会努力本身是一种才能，会有效率的努力是一种策略。要能够找到自己突出的长板，学会专注发展自己的优势。

有效率的努力，一方面是要学会把时间主要投放在一个自己擅长的领域里，以尽量高的标准要求自己，尽可能达到最高的一个级别。另一方面也是学会根据内心的需要，去做出自己独立的选择，而不是苟合于外界的认同。

学会发展自己的优势，就是要让自己学会质疑，不随意附和任何言论，也不盲从任何人。学会思考，怎样把不可能的事，发展出可能性。经营和发展好自己的爱好，为自己创造出更多的可能性。

1998年，在我刚参加工作的时候，业界有一位老前辈，退休后又被单位返聘重用，我们尊称他为何老。

何老虽然已经70多岁了，但是她耳清目明，思维敏捷，更可贵的是，她在任何方面都不落伍于年轻人。

记得有一次，我请教完何老一个学术问题之后，非常诚恳地赞叹："您真是一位经验丰富的老前辈！"

可是何老却忽然变得严肃起来："夸我经验丰富，其实也就是说我落伍了。经验在我看来，是一个贬义词，是创新进步的最大桎梏。"

这是我第一次听说经验是个贬义词，还是出自这样一位老前辈的口中。之前，很多人都会为自己有了几年的工作经验而沾沾自喜，并以此为资本教育比自己晚参加工作的人。

何老是单位第一批报名参加计算机培训的人，也是单位唯一一位自学英语口语的员工。

我们敬重何老德高望重，又感怀于她眼光的高瞻远瞩。短短几年，互联网成为单位重要的工作途径，何老依然站在最前沿，领着我们一帮年轻人往前冲。

何老是一位不断自我精进的元老，她的精进精神和超前的时代感是我们这些年轻人无比钦佩的。以至于年轻人之间经常开玩笑说："只要跟着何老的步伐，就永远不怕会被社会淘汰。"

这个故事告诉我们，只有不断精进，你的人生才会更加精彩。

不断精进的人生，一定是精彩纷呈的。因为你可以比同龄人快进几十年的光阴，浏览到更精彩的世界。

人生在世，无论是思考、学习还是做事，都需要主动。要懂得学习知识，是为了最终把它们转化为技能，应用到实践中；实践后的思考，会更加接近真理。

做一个不断精进的人，学习掌握事物的不同维度，摸索总结出可以促进自己成长的规律。

# 第六章

# 优质的生活
# 是少而高贵的

## 超过合理限度的物品反而是种消耗

朋友小鱼喜欢买买买——超市促销活动超低价，买！换季处理，商家赔本甩卖，买！节日买一送一，买！她的衣柜里，装满了各种廉价的衣物，有的连标签都还在，却好几年都没穿过一次。

无独有偶，我在知乎上也看到过这么一个问题：有很多闲置的衣服该如何处理？有个极具代表性的回答说：

通常情况下，女生闲置的衣服是比较多的，总是能够占据着家里大多数衣柜的空间。

很多人会感觉，衣服还是好好的，直接扔掉挺可惜。还有些人心里会有恋旧情结，不愿意抛弃自己的衣服。

所以现在很需要一些机构，能够把闲置的衣服收集起来送给别人，尽量做到不浪费。

帖子下面各种支着儿，其中不乏有着同样烦恼的群体跟帖。有一位网友郑重其事地做了如下回答：

最佳处理方式是把闲置物品“放生”，极简主义断舍离讲究“扔扔扔”。

自己曾经当成宝贝使用过的东西，要拿去扔掉的时候，心里总是不太好受。会有对当初购买行为的反思，也会有对这些物品的心疼。

基于人们对物品淘汰的需求，互联网为我们提供了更好的平台：首先，可以进行二手买卖，在“闲鱼”App上，注册一个淘宝账号成为“卖家”，就可以出售自己闲置的二手物品。其次，还可以把自己不要的物品免费赠送给有需要的人。

另外提供一条，能让闲置物品更快到达有需求的人手中的途径——有一个名为“有肉”的App，是一个赠送闲置物品的平台。在这个平台，如果有人想把什么东西送人，只需要拍张照传上去，有需求的人来申请，只需要说明他需求的理由就可以了。然后再从申请的人中，挑选出合适的赠送对象。因为是免费的，效率很高。距离比较近的，可以同城交付，距离远一点的，可以选择邮费到付的方式寄出。

经此一役，我对于物品的想法发生了很大的变化：东西并不是越多越好，而是越精越好，越有用越好。否则，送人卖掉都很难。

诸如此类，生活中多而无用的物品，常常会消耗和浪费我们太多的时间和精力，不得不去想尽办法减少它们。

# 成功者常常只穿一套衣服

## 01

你很多次上班迟到，或者来不及吃早餐，可能都是因为犹豫着应该穿哪件衣服，在衣柜前面浪费太久。

那么，成功人士可谓比普通人更为多金，是不是会有更多的着装需求呢？我们除了更努力地想尽办法，迅速选好衣服外，是否还有别的选择？

据调查观察，在这个世界上，有些人就没有这个苦恼。例如曾经硅谷盛传IT界三大最差着装的：乔布斯、比尔·盖茨和马克·扎尔伯格。

乔布斯生前，标志性地只穿同一款式的黑色套头衫，配上

Levi's的牛仔裤和New Balance的球鞋，给人的感觉是简洁大气，干脆精练。这样着装，每天如此，根本就完全用不着思考今天穿什么衣服。

他根本不需要用华丽烦琐的服装，去给自己进行无谓的装饰，只会用个人的魅力推销背后的产品。

扎克伯格也一样！日复一日的以Geek的着装风格，出现在大众面前。

比尔·盖茨，一生只穿一样的衣服：衬衫+V领毛衣。作为全球首富，无论是新品发布会，Windows版本更新会，还是退休了，打扮都始终如一，从来不变。

这也许就是科技强人的共同选择，他们的穿着重点，永远都是休闲舒适。

悟空问答上有这样一个问题：为什么类似扎克伯格等大佬为代表的成功人士，穿衣风格都比较单一？

回答也是超级炫：你发现没有，这些大佬主要集中在科技IT、互联网等行业，因为他们只靠刷脸！

乔布斯、扎克伯格、比尔·盖茨已经为这个科技界确立了一个文化典范：每天早上，如果花更多的时间穿衣打扮，你就会花更少的时间改变世界。

即使是奥巴马，也对这个观点深信不疑，严格坚持单一的着装，是权力的新标志。

在生活中稍加留意就会发现：成功人士在着装中，都有相似特点，简单的一致性。

我认识的一位女企业家，领导着上万名的员工，经常身着同一身职业套装。她在公司里，夏天是一套黑白相间的职业套裙，几乎天天如此，春秋季节，是黑白相间的职业套装，干净利落，更衬托出她的雷厉风行。冬天，一件黑白相间的毛呢大衣，里面还是黑白相间的职业套装。后来我们才得知，为了节约挑选衣服的时间，她的衣服是设计师量身定做的，简洁明了，从来不会产生选择穿衣的干扰。

这些成功人士，他们绝对都有钱去买一件自己喜欢的衣服，但是他们的着装都很简单，因为他们明白，在选择衣服上节省的时间和精力，可以做更多更有用的事情。

根据研究显示，每天穿同样的衣服，有助于避免心理学家称之为“决定疲劳”的情况。比如奥巴马，只穿灰色或蓝色的西装，所以定制好衣柜里的衣服，节省出更多的精力，去做好每一天的工作。

当一个人需要做的选择越来越少的时候，就能够把更多的时间和精力运用到真正重要的事情上，让工作越来越高效，让生活越来越美好。

## 02

用几次就被闲置，许多小家电成为生活中的鸡肋。

下面是根据一位媒体记者的调查，了解到的部分信息：

市民陈雅在年前大扫除时，发现家中有多个小家电闲置。买的时候觉得新鲜、时尚，买来没用几次，有的甚至还未开封，就束之高阁了。后来，她不得不在一家卖二手物品的网站，将家里闲置小家电处理。

不少人都是像陈雅一样，因为一时的好奇和冲动，跟风购买一些小家电，但是很快，看似方便好用的小家电，最终却只能落得闲置的命运。

很多小家电价格都不贵，听起来名字新奇，用起来功能各异，越来越多地出现在公众的视野中。

比如说厨房小家电，种类名目繁多，不同的食材，都会有相对应的厨房小家电。喜欢吃酸奶有酸奶机，喜欢吃烙饼有电饼铛，喜欢吃豆芽菜有豆芽机，喜欢吃蛋有蒸蛋器，喜欢喝咖啡有咖啡机，喜欢喝豆浆还有豆浆机……种类多到可以满足大众能想到的所有需求。

调查记者随机走访了市区几家大型超市和电器商场，发现小家电区域货架，相比于大家电更能吸引消费者，价格从几十元、几百元到几千元都有。

市民张女士正在市府大道一家超市，挑选破壁料理机，她说："最近听别人说破壁料理机不错，用破壁技术萃取的食物营养高，所以来看看。"

相比较实体店，网络市场小家电的种类更是繁多，传统的有电饭煲、电火锅等，新奇小家电如汉堡机、空气炸锅、干果机、冰淇淋机、棉花糖机等。有些网上的卖家，月均销量几千笔，高的甚至能达到上万笔。

就小家电的拥有和使用情况，记者随机调查了年龄阶段在20岁至50岁之间的15位市民。结果显示，每个受访者家中都有超过5样小家电，有的一直处于闲置状态。一些传统小家电的使用频率较高，而蒸蛋器、豆浆机等近些年兴起的小家电，使用率相对就比较低。

那么打着提升生活品质旗号的电器，是如何闲置下来的？

据32岁的张欣女士透露说，平时比较喜欢做饭，家里有一个5岁大的孩子。这两年，她买了不少厨房小家电，绞肉机、榨汁机、蒸蛋器、豆芽机等，用的次数屈指可数。"像绞肉机用起来方便，但清洗起来实在麻烦，蒸蛋器开始挺新鲜的，用了几次之后也觉得没那么实用。"

就像煮蛋器、酸奶机这些新奇小家电，虽然会受到许多年轻消费者的欢迎，但记者在调查中发现，这些小家电均会在买家尝了几次鲜后，就被放进了收纳柜。

从上面记者调查到的这些生活事例中，我们不难看出，在这个眼花缭乱的世界里，很多人的思维，都是被商家牵着走的，在忙忙碌碌的烦琐跟风中，不仅浪费大量的财力和物力，更浪费了自己宝贵的精力和时间。

## 03

除了实用性不强，一些小家电也会遭遇维修难题。

我妈妈是小家电的推崇者，家里有很多闲置的小家电，比如洗碗机，虽然不用人动手，但是浪费水，浪费电，浪费时间，洗过的碗拿出了，如果不再亲自冲洗一遍，根本就不敢直接盛饭。她自己用过之后也会叨叨：“这洗碗机真是太不实用了，还没有我手洗得快，净浪费水电了。”

叨叨归叨叨，再去商场的时候，人家给她推销个什么新鲜的小家电，她还会兴致勃勃地买回来。前段时间买了一个电动理疗器，刚用没多久就出现故障，拿去电器修理店，人家说这东西现在已经更新换代了，旧部件要重新定制，还不如买个新的划算。

面对家中闲置的小家电，就像有人说的那样：感觉像是鸡肋，食之无肉，弃之有味。

随着这些年妈妈买回的小家电越来越多，家里的闲置空间堆得满满的，有些连使用方法还没完全弄清楚就束之高阁了。她去年买的那个帮忙扫地的小机器人，刚买来的时候特别新鲜，每天都要摆弄几遍，后来慢慢就被她冷落了，因为每次机器人清理完的卫生，她还要重新在旮旮旯旯的地方反复清理，她说还不如自己做着省心。

除了冲动性买入的小家电之外，还有一些是来源于买大家电的赠送，比如电热水壶之类，有买空调送的，有买冰箱送的，还有买洗衣机送的……

我对妈妈的这种执着的行为，很多时候都是选择睁一只眼闭一只眼。

我同事大伟也是这样一个小商品的跟风崇尚者，家里的闲置物品有电器、茶杯、箱包、吹风机、3D眼镜、刀具、空气净化器、各种布娃娃等，后来，因为东西囤得实在太多，既不舍地扔，又处理不出去，精神经常陷在焦虑中。

所以，为了减少冲动性消费带给我们的困扰，首先要学会戒掉买买买的购物习惯，坚决不购买不需要的东西。

**把人生活得恰到好处**

当决定买一样东西之前，先让自己弄清楚，究竟是为了满足自己的新鲜感和虚荣心，还是真的特别需要它。坚决不要因为廉价而去消费购买没用的东西。

物品只是为人服务的，决定是不是要买一样东西，“我”才是判断的唯一标准，我是否真正需要，是否适合我，这才是最重要的因素。不要错误地去考虑，这个东西本身有没有用，能不能用，这样就会把人的思维引导向一个消费的误区。

这样的精简生活方式，坚持一段时间就会发现，我们的时间变多了。因为减少了很多购物的时间，搭配衣物的时间，应对琐碎杂物的时间。我们开始拥有充沛的精力。因为要操心的事情少了，各种做事效率也提高了，精力也就多了。

我们开始学习修炼，不断地在犹豫不决中进行取舍，学会了根据自己的意愿去做决定。

我们的内心开始变得专注而宁静，当我们不再去刻意占有更多东西的时候，就会开始向内心而求，会更加珍惜身边仅拥有的那些东西。我们内心的宁静感，以及那种向内而求的专注意识，也会带来精神上的愉悦和充实。

舍弃那些多而无用的东西，让生活中的一切变得简单起来，找回我们的初心和本真，重新明白：我们因何而来，我们要到哪里去。

# 少，就是任何多余的东西都不要

## 01

小梦讲了她自己的故事。

我是家里的独生女，20世纪80年代出生在一个省会城市。在我大概12岁时，妈妈就让我自己决定买衣服的事。我每次和妈妈一起去买衣服，遇见打折促销的漂亮款就一定买回家。

初中时期，我的衣服少说也有两百多件，有些衣服买回来就试穿一两次，以后再也没穿过。

后来自己上班工作了，衣服更是多到无处收纳，家里的衣柜增加一个又一个，真的觉得自己好浪费！怎么办啊？

看起来买了一堆便宜的商品，实际上都是金钱上的浪费。

小梦的情况，其实是很多女性朋友共同的状况，就是家里闲置衣服太多，大多数都选择了丢弃，这也是喜新厌旧的结果。要学会摒弃恶习，管控自己学会节约，做一个节约达人，就可以让自己节约更多的金钱。

另外，很多时候看似便宜的东西会带来更大的损失。

小区的老李，就是在这方面吃过亏的人。那一年，小区的邻居们商量团购空调，经过考察后，大家一致决定购买格力品牌。

可是老李到商场里反复比较价格，决定自己买一个别的小品牌，同样型号的空调，比格力的便宜几百块钱。

可是安装不久，便因为性能问题数次更换零件，效果始终不好，还特别费电。

后来，因为噪声太大，严重影响睡眠，只好又购买了一台新的空调。

而其他购买格力空调的人家，不但没有出现过故障，而且制冷效果非常好。

当时的老李看似省了几百块钱，实际上却损失得更多。

而高品质的东西，表面看似成本高，但是淘汰率低，低损耗，细算起来，反而是降低了整体的使用成本。

注重品质的人们，讲究商品的高利用率，追求高质量的生活，追求使用过程中带来的美好心情。看似贵重，其实性价比高，反而凸显出商品的低成本。

单位的大明喜欢买一元店的商品，每次遇到这种店，他都会进去，不管有用没用，都要买一堆回家。

大明解释说，家里负担太大，年迈的父母常年用药，孩子的教育也要很大的开支，家里经济太紧张，所以要节约。

节约原本没错，可是有一次单位的同事一起去看望大明病中的父亲时，发现大明家里堆满了他在一元店买来的商品，很多都没拆封，闲置在角落里。一问才知道，那些东西用完几次就报废了，质量太差。大明也忍不住抱怨几句，太坑人，浪费了不少钱。

其实不是坑人，商品的性价比，是由它们的利润空间决定的。商家是不会做没有利润空间的商品的。

可是抱怨归抱怨，大明依然会流连在一元店的商品里，这样的心态，也真是让旁观者无奈。

当前的社会，时尚的简约主义之所以受到成功人士的追捧，就是因为它意味着从繁杂回归简单，进入到一种高超的自我体验境界。

密斯·凡德罗曾说：少，就是任何多余的东西都不要。这其实就是少而精的精神诉求，就像那些简约的成功人士那样，时间节约，金钱节约，精力充沛。

## 02

最近几十年，世界经济发展的日新月异，使物质资源越来越丰富，人们的获取代价越来越小，商品种类和数量几乎到了空前过剩的地步。

许多人的家里都存放了太多没用的东西，它们消耗了人们大量的精力和时间，占据着人们的空间，让生活变得越来越沉重和琐碎，甚至挤占了人们生活中更多的幸福感。

以至于很多人都搞不明白：到底是物质为人谋福利？还是人为物质所奴隶？

当我们自作聪明地以为，自己控制了物质，却往往忽略了物质反过来也在控制着我们。《断舍离》的作者山下英子说：“不用的东西，充满了咒语般束缚的能量。”

聪明的人，会让自己经常回归清零的状态，回归简单生活的本质，关注内心最真实的感受和需要，关注自己最真实的精神世界。总会让多余掌控着生活的人，其实是自我掌控的太少，自我打理的太少。

英子是单位的一个普通职员，可是却每天都忙得晕头转向。一天下来，她总感觉生活毫无意义，自己也不知道到底都做了什么。当我们问她：“你怎么就那么忙啊？”她自己也会显得无比懵懂无奈。英子就是典型的为生活所掌控的人，她没能够掌控住自己的生活，更不懂得如何自我打理。

一定要学会，让自己周围事情少而精！

像英子那样，一个人如果不懂得精简事物，那就只为被事物所支配，每天忙得团团转，又没有收获到任何的意义。

既消耗精力，又没有任何意义的事，尽量不要去做。比如无谓的应酬，漫无目的的闲逛……

中国有句话叫：好钢用在刀刃上。

我的上司Miss Li是典型的精简主义者，有一次和几位同事应邀去她家里，一个一百多平方米的房子，给人的感觉有二百多平。因为实在太精简、太清爽了。

入门客厅的沙发和茶几，简约时尚，精致到不浪费一丝空间。房间四周都是嵌入式的书架，里面分门别类，整整齐齐摆满了书籍。厨房用具一目了然，干净整洁清爽。阳台上是悬空式的花架，上面种满了花花草草，花架中一茶几、几个靠垫，简约时尚的休闲场所，令人神清气爽。主卧、次卧房间一张床，一组嵌入式壁柜，看不出一丝多余。她的服装永远是一个款式，是单位最具特色的风景。我们大家都知道上司精简，但真正置身其中，却多出几分崇拜。这种家装布局，随便她走到哪个位置，都可以随时抽出自己想看的书籍，真是一种莫大的人生享受。

在耳濡目染中，她的儿子也养成了和她一样的生活习惯，小小年纪便已经博览群书，就像在时光隧道中自如穿行。

人的生命是有限的，人的精力是有限的。愿我们都能够在有限的生命里，用我们有限的精力，专注于有意义的事，让心灵充实宁静起来，让生命饱满蓬勃起来。

越是事少的人，对生活越是有更大的自主权，能够在现有的空间自由回旋。当一个人可以按照自己的心愿去设计生活，按照内心的需求去改造现状，也就成功地学会了自我掌控。

## 整理人生，先从扔掉无用的东西开始

一位网友讲述了她的一段经历，或许对于已经下决心、要和杂物进行“断舍离”的人们，有一定的参考意义。

我租住的房间有个小阳台，家里最疯狂的时候，阳台角落堆满了纸箱子，走路都很困难；衣服塞满两个拉杆箱还不够，连衣橱也爆……

于是我受不了了，开始狂扔东西。每天下班回家都在想该扔什么，每次扔一个大纸箱，我就顺带往里面塞些小纸箱或者杂物或者衣物，一块儿扛出去。

连续整理4个月，房间大变样。在这场“垃圾场”逆袭中，虽然室友们提到购置收纳物品，但我买的也不多。我很多杂物还是用纸箱子装，因为我知道自己还要继续整理清除，购置太多收纳物品，反而不利于处理，而网购送的纸箱，可以作为很好的“断舍离中转站”。

先说衣服，整理出来的上百件衣服里，其中有10多件是我既不常穿又算不上喜欢的，这种就属于不能用不常用的物品，坚决扔掉。然后能用并常用的衣服，要想办法多利用起来。而能用不常用的衣服，要么努力喜欢它，要么努力找替代品后丢弃。

再说房间，其实现在房间还是挺乱的，20平方米的房间愣是堆了两张桌子、两个衣橱、一张沙发和一把椅子。我看其中一张桌子已经不爽很久了，只是上面堆的杂物很多，如果扔了要另外买收纳架，就违背我的初衷了。就暂时放着，找时间连带杂物慢慢处理。

鞋子我是舍不得扔的，所以“断舍离”以来，只扔了几双非常破旧、实在没法穿的。虽然我的鞋多，但其实真正常穿的，只有红色小太阳的那7双而已。所以今年的目标是，不买鞋子了，打算至少再扔2双。

像这位网友一样，把东西归为几类，就知道哪些是对自己有用的，哪些是没有用的。当我们学会把一些非必需的东西从生活中舍弃，才会有新的、更有意义的东西从心中生长出来。学会“断舍离”，过上极简生活，是人生自我突破的开始。

大多数人的生活常态是：房间乱，东西多，舍不得扔，总是想着或许哪天能用得着。网购了很多衣服，却常年压箱底，不舍得扔，又不喜欢穿；水杯买了很多个，结果常用的只有1个；包包还是崭新的，就扔一边又买一个……

看到过一个视频，主人公本来打算买一张桌子，去家具店后觉得这个好，那个也好。最后竟觉得家里什么都缺，莫名其妙买了一大堆东西回家。最后发现自己根本不需要这些东西，徒增生活的烦恼。

用心体验，慢慢发现，一个人，放下的越多，精神上反而越容易富有。丢掉所有不需要的东西，只留下自己最喜欢的东西和生活必需品，更能品味到生活的简单幸福。整理好自己的人生，让我们先从扔掉多余无用的东西开始，放空心态，寻找到生命美丽的根源。

看到过一个相关报道：

2007年夏天，家住美国加州南部的戴夫·布鲁诺环顾自己满满当当的衣橱、起居室、厨房和车库，发现偌大的家里几乎没有活动的空间。对物质过度丰富的恐慌逐渐转变为对过度浪费的担忧，布鲁诺最终决定，将自己拥有的东西减少到100件，借此生活一整年。

他在博客上记录自己的想法和行动，吸引了不少网友关注，一些网友还开始与之互动。《时代周刊》报道布鲁诺的故事后，他出了书，上了电视，去了TED，还在社交平台上开设了专题页面，引发了更多人效仿。

从此，一场以“清减、拒绝、再整理”为口号的运动兴起了，这就是“百样物品挑战”（100 Thing Challenge）。

居住在德国的程序员吴涛，发表在MOOK《1024》上的《当你的生活中只能保留100件物品》一文，在社交网站上成为热帖。这篇文章记录了吴涛在2011年冬天按照“百样物品挑战”的规则，对自己家中的物品进行清理的过程。

根据作者的记录，一开始是自己在网上发现一段视频：一位美国青年坐在看起来空荡荡的房间里，对着镜头挥手，表示自己已开始“百样物品挑战”，然后逐一介绍自己想要留下来的100样东西。从衣橱里大概十几件衣服和鞋袜，到角落里的两个背包，加上几本书，寥落的洗漱用品，一把吉他，笔记本和笔，电脑、手机、证件、钱包、钥匙、墨镜等。吴涛觉得，他接触到的是一个“禅宗新兴流派”。

看完视频，吴涛试着想象自己也只靠100件东西过活的场景，发现身边真正需要的物件也并不多。为此，他开始尝试“百样物品挑战”，希望有意识地不去添置新东西。

吴涛用排除法，从无论如何想要拥有的东西开始填写：能与其他人合用的，比如洗衣机，排除；非私人物品，比如家具，排除；书籍不计，常用工具不计；成套的东西计为一件。

几个小时后，吴涛列出了大概80件东西，是能用并常用的：证件、钱包、钥匙、手机、电脑、iPad、Xbox、十件T恤、三件衬衣、两件毛衣、两条牛仔裤、两双凉鞋、一双皮鞋、一双冬鞋、两只行李箱。还有泳裤、泳镜、冲锋衣、头盔、滑雪板等；再加上徒步用的睡袋、户外背包、文具、随身相机和一台单反。

在整理的过程中，吴涛发现，科技已经自然地将多种物件合为一体。比如，智能手机兼具电话、相机、闹钟、日历、音乐播放器和掌上游戏机的功能。

也是从这个时候开始，吴涛在每个周末都会从家里清理一堆垃圾，压箱底的衣服和鞋袜，也洗净后捐赠。一些带有个人回忆的物件，不舍得丢弃或转赠，就寄回双亲家里。吴涛说：“这些令我感觉到食之无肉、弃之有味的积累物品，恰恰就是我与世界的界限变得模糊的地方。”

到了2012年，虽然还未实现“百样物品”，但吴涛家里的物品也已大幅清减。物品减少后，吴涛感到头脑变得比以前清醒，拖延症也有减轻；忙到一半，心猿意马转头去做其他事的状况也不再出现；打扫房间变得容易很多，而他也终于能有大块的完整时间离开网络，去慢慢地看书架上买来还没有读过的书。

这一年里，吴涛没有再购置什么，并且对买东西这件事变得敏感。

在吴涛看来，“百样物品挑战”未必适合各种境况之下的每个人，但减少持有物品的切实好处，的确相当明显。

跟自己的东西说再见，需要有勇气，更需要有坚定的信念。我们可以现在就开始行动，在每个房间里放置一个箱子。

住在英国曼岛的雷切尔·德古斯曼（Rachel Jonat）是TheMinimalistMom.com网络日志的作者，他说：“当你偶然发现某样东西很长时间没使用过了，觉得可能用不着了，你就可以把它放进箱子里。”

他还提到：“如果你害怕某天又需要那些东西的话，你可以先把箱子保留六个月，然后把它们送出去。”

丢弃那些用处不大的摆设，比如从来不用的杯子和碗碟，不好看的赠品礼物等，在这个过程中获得新生的力量。

正如美国著名学者梭罗所说：

“如果一个人，能满足于基本生活所需，便可以更从容、更充实地享受人生。”

“多余的财富只能够买多余的东西，人的灵魂必需的东西，是不需要花钱购买的。”

最重要最核心的原则是，只留下必需的东西。在这里有一位朋友自己应用的经验，拿来分享给大家：

先从那些用不着的东西、显而易见的垃圾开始扔。比如，过期食品、坏了的电器、过时的衣物、没用的纪念品等。

同样的东西最好不要超过两个。

有些东西属于季节性用品，比如换季的衣服、被褥等，可以保留。但如果有些东西一年四季都没用过，可以果断扔掉。

在扔东西的过程中，确实不知道是否会用到的东西。集中放在一个地方，隔离一段时间，重新审视你和它的关系，如果之后的一段时间你都没再拿出来，就可以扔了。

如果扔不扔这件东西让你反复思考了5次以上，就应该果断扔掉它，因为它已经开始在牵扯你的精力，并且还会让你纠结其他东西的去留，带来连锁反应。

扔掉你的收纳用品，真正值得拥有的东西数量是非常有限的，那些看起来为我们制造空间的收纳品反而占据空间，只能为囤积更多的物品做好了温床。越是空无一物的房间，越能让我们内心舒适，各种家具和收纳工具，都是自由的敌人。

在一次商业报告会上，我听过一位女企业家的报告。都说夏天是女人的季节，虽然是女性，她永远是同款的职业套裙，有时候也顶多是换换颜色。

在报告中，当这位成功的女企业家说她的日常生活可以精简到衣柜里只有几套同款的职业装，家里的厨具不超过十件的时候，很多人都在唏嘘和表示不解。

可是，正是她这种心无旁骛的生活风格，造就了她在事业上的全力精进，打造出一家受人尊重的企业，也成为当地政府的骄傲。

真正的成功者，往往不是让自己得到多少东西，而是可以成功地，把自己多余的东西，轻松扔掉。

# 如果你下不了手，就请别人帮你扔

同事李洋讲述了他的故事：

外婆家里放了好多没用的东西，例如一个断了耳的锅，几把有锈迹的炒勺。我也没见她用过，但她就不扔，我劝了好多次都没用。

她的衣服占满了家里两个房间的衣柜，有些还是几十年前的衣服，她也不穿。客厅和卧室，堆满了常年不用的物品。阳台上的杂物，像宝贝一样被她一样样打包摆着。一直劝她扔掉，就是不舍得。

还好老太太开明，后来她对我说："其实这些东西一点用处也没有，但是扔东西总是觉得太浪费，要不你替我送人吧。我自己用过的东西，有感情呢，老舍不得。"

我爽快答应了。趁着双休日，我把外婆家里那些长期不用的东西打包，找来小区收废品的大嫂，帮我一包一包拎下楼，有人看着用得着的，就让大家拿走用，没有人拿的，全部送给这位帮我往楼下拎包裹的大嫂。

厨房和餐厅只留下必需的物品，一眼看去清爽整洁；外婆常穿的衣服，被我熨烫平整，用衣撑一件件挂得整整齐齐，衣柜里原来的拥挤不堪，彻底改变了模样；卧室和客厅堆放的常年不用的物品，全部消失，窗明几净的感觉，看起来舒适无比；阳台上只剩下盆景里的花花草草，吐露芬芳，好不惬意。

外婆进门后的表情我终生难忘，有惊喜，有心疼，还有……

从那以后，外婆再也没有乱买过东西回家。她说，买来无用最终也是被你扔掉，太浪费了，还是省点钱吧。

如果自己下不了决心扔掉那些没用的占据了你太多个人空间的东西，那么，我也劝你试试以上的办法，找人帮忙扔掉，免得自己犹豫不决，割舍不掉。

网友小丽为了及时和占据自己空间，浪费自己精力的无用物品，进行“断舍离”，想了一个这样的好办法：

她和小区打扫卫生的大姐，打好招呼。由这位大姐每周定时，帮她从家里拿走，她自己感觉用不着的东西，直到房间里的东西减少到只剩下每天的必须物品。

随着房间物品的减少，房间里变得开阔敞亮起来，小丽感觉，自己做事变得神清气爽起来，连多年的拖延习惯居然都神奇般地消失了。

坐在只剩下电脑和书籍的办公桌前，她可以专心致志地工作，再也没像以前那样，一会儿分神摸摸洋娃娃，一会儿摆置一下放乱的桌椅……工作效率一下子提高了很多。这种全神贯注的工作状态，让小丽惊喜不已。

“断舍离”，原来竟然能够给一个人的精神状态带来这么神奇的变化。所以，尝试一下吧，自己不舍得丢掉的物品，找别人来代替你丢掉，找回最美好的生活状态，就这么简单。

# 不购入新物品的秘诀

任何物品，一定要使用才会有价值。不使用的物品，是没有价值的。它们占据金钱和空间资源，耗费时间和精力，不论怎么算，都是得不偿失。

“断舍离”，断是切断源头，堵住入口，要不，舍得出去，又继续涌入，还是没用。舍弃无用，离开繁杂，我们就会发现生活的简单丰富，怡情美好！

## 01 堵住源头：买东西前先想象一下使用场景

前同事萧佳以前有一个习惯，看到琳琅满目的工艺品，只要有自己喜欢的，就会一时冲动，把它买回家。

她每次旅游回来，捎回的那些工艺品，多数都束之高阁。最后又不得不规整到储物箱里，慢慢地布满灰尘，甚至会忘记了它们。只是觉得那个东西是有用处的，从来没想过它们对自己有没有用处。

有一次老友聚会时，萧佳说了一番话："从物质不再贫乏开始，金钱与幸福感就已经不再成正比了。有时候，我们明明花了很多的钱，反而觉得多了些累赘与麻烦。换个角度，如果能花更少的钱过上更幸福的生活，那是不是应该称为世界上最美好的生活？"

她的话引起了在座每个人的共鸣。

记得以前，萧佳每一次买化妆品，都会买一支口红。因为个人爱好，每一次买的口红色系都是相近的。化妆箱里的口红，陆陆续续存下了好几十支。

虽然每一次有不同的款式，推销人员都会告诉她，说出各种不同的效果。可是事实上，萧佳说她后来发现，哪怕一百支口红，涂上嘴唇之后，展示出来的效果也都是一样的。哑光、雾面镜、面唇、蜜唇、膏唇、釉染唇膏等，各种的名目繁多，可是同一色系的涂上嘴唇后，看起来的效果都是大同小异。

萧佳对着我们回忆她当年买买买的镜头，又自嘲说道："无非是在这个充满物欲的时代，商家无时无刻不在精准地算计我们的钱包，因此动不动就产品升级换代，让我们的欲望也随之升级。比如明明是差不多的颜色，A家换了一个新颖的包装，B家添加了不同的香料，C家改了一个外壳的造型，D家改成了独家限量版。于是我们在商家的各种忽悠中，把每家的款式都买了回来，事实上都是同样效果的口红。这就需要我们清醒地意识到自己的需求，买的时候想象一下，这支口红涂上，和家里已有的效果到底有多少差别，到底有没有再买的必要。一支口红和两支口红，放在家里使用起来有没有实质性的区别？了解到欲望和需求，是不是可以完全画上等号，设置出清晰的使用场景，让冲动消费逐渐变成理智消费。

在场的莉莉附和说："是的呢，其他产品也是一样。例如衣服、鞋子、各种日用品等，东西是无穷尽的更新，是买不完的。衣服，在想要买的时候，想象买回去后，到底能在哪些场合去穿？使用率会有多少？有没有买回去的必要？和衣柜里的衣服可不可以搭配到一起穿？是不是必需品，非买不可？试想，如果我们的衣柜只有十几件衣服，每件衣服都会充分地利用起来，我们是不是也会细心钻研，衣服彼此之间的搭配，并尽力做到物尽其用呢？但如果有一百件衣服，彼此之间搭配的可能性骤然降低，每件衣服的使用率也是有限，有些衣服一定会被遗忘和闲置。我们要给自己的衣服设置一个上限，十几件衣服互相搭配，让生活简单自信。”

在场的姐妹你一言我一语，讨论各自的曾经，都浪费掉多少金钱和资源。

当我们把这些必要的使用场景，非常明确地想象出来以后，消费的欲望就会理智许多。

在物品快用完的时候再买新的。我们经常是，手头的护肤品还没用完呢，忍不住又买了新的。新的买到家之后，旧的也就不想用了。所以，在买东西前，先想象一下它的使用场景，这非常重要。

记得一位网友说过：“永远不要只因为‘美’而买东西。美的东西，我们可以欣赏个够。美就是让欣赏的，但是如果不是自己必需的，我们没必要把它买回来，占用自己的空间和金钱。

成年人，不能再像几岁的小女孩那样不顾一切想要一个漂亮的糖果。很多时候，那些物品第一眼看上去很漂亮、很可爱，但当我们把它买回家之后，才发现根本没有使用它的合适场景。

例如有一次，我在青岛海边的一个商店，看到一套紫砂茶具，古色古香，非常漂亮。于是就毫不犹豫地买了，一路小心翼翼护送回家。

然而我家里一直用一套更好的茶具，那套我花费金钱和精力从青岛买来的紫砂茶具，最终被我束之高阁，连包装都没有打开。已经两年时间了，每次想起来，都觉得自己做了一件非常可笑的事。

因此我告诫自己，以后再买东西的时候，都要先想象一下它的使用场景。如果这个场景是确定会经常发生时，才会下手购买。例如我之前想买一个蓝牙耳机，但想到我平时根本就没有这种使用习惯，也没有合适的使用情境，就一直没买。

当然如果那样看起来很美的物品，刚好能为家里的布局增色，能够更好地衬托符家居的整体氛围，而自己家里刚好适合摆放它，也可以考虑购买。因为可以物尽其用，有合适的使用场景。

我更希望生活中那些看起来很美的东西，可以具备相应的实用功能。例如，我家已经没有足够的空间可以摆放美而不实用的装饰品了，但我正好想买一个电热水壶，那我就选择一个外观看起来无比精致美观的电热水壶，既能达到它的实用功能，同时也起到了装饰效果。

还有一次，我想给阳台上放一个储物箱。为了看起来美观，我就选了一个带卡通造型的，上面还能够插上不同装饰品的储物箱。摆放到阳台上，就像是在展示一个艺术品，让整个阳台变得熠熠生辉，无比灵动起来。我在那个箱子的周围又摆上几盆花，绿植映衬下，简直就是一个小小的艺术殿堂。让人心旷神怡，无比陶醉。

表姐是典型的在购物时最功利型的代表。表姐每次购物，都把这种场景代入的方法运用到极致。

她买一件衣服的时候，这件衣服一定要能够和她现有的，至少两件以上的衣服完美搭配，她才会买。

她买一件小家电，一定会好好推算一下，这个东西买回去，每天能够派上几次用处。如果不能够保证每天用1次以上的商品，她是坚决不会买的。

她买的任何物品，都是利用率百分之百，家里从不会有过剩的多余物品。

任何时候，在消费之前，充分考虑设想那个物品的使用场景，都能让我们回避不必要的消费，节省时间和精力的同时，也能替我们保管好我们的钱袋子。

## 02 充分利用：开发旧有物品的潜能

充分利用手头既有物品，会更有成就感。

很多时候，我们总是觉得衣橱里少一件衣服，总是觉得没有合适的果盘装精致造型的水果，或者总是觉得家里的家具不够新颖别致……

在这个过程中，我们又在重复购买其实毫无用处的物品，如此循环反复。

一位朋友介绍过一个“列清单”的方法，我个人感觉操作起来效果不错。

上个周末，我就给自己设定了半个小时的时间，检视自己衣柜里的衣服。当我一件一件整理起来才发现，衣柜里的衣服居然有两大包我两年来从来没有穿过的衣服。我居然囤了这么多衣服！

扔掉一些自己完全不再穿的，把既有的制作成清单，我发现，以我平时穿衣服的规律，现在的这些，搭配起来也根本穿不完。

分析下原因：我平时逛商场，看到好看的衣服，外加商家的各种促销诱惑，就会忍不住买上几件。买回家后，多数也就放在了衣柜里，很少能有合适的场合拿出穿。

我给自己规定，在不买新衣服的情况下，就家中既有的衣服互相搭配，能够给自己增加许多乐趣，而且能很好地避免浪费。这样做，既能省钱，又能享受清简、轻松、自得的人生！

关于充分利用手头既有物品，有一位网友的做法非常值得借鉴：

日常生活中，我们很多时候，会把用过的东西堆放在一起。这样不仅让房间凌乱不堪，自己找起东西来也浪费时间。

怎样才能让屋子变得整洁呢？几个挂钩就能够做到。

首先，可以在抽屉的里面粘几个小挂钩，像牙刷这种形状的物品，就可以挂在上边。比起把所有的零碎物品都堆积在抽屉底部，这样看起来会更加清晰整齐。

其次，可以把橱柜门利用起来，在上边粘几个粘钩，不仅能把锅盖有序地摆放到门后，还能用来挂刀或者汤勺之类的小厨具。

另外，还可以用两个横向挂钩，架起盒装塑料袋，相当于一个收纳架的功用。

还有个方法，作用有些类似于网上卖的懒人支架，就是量好距离，上下固定住3个挂钩，就可以把手机放上去看视频了。

在墙上粘几个挂钩，可以在空中悬挂植物，或是其他需要吊起来的装饰品，用来装饰房间。

小孩子的画笔、小型玩具或者文具会非常多，也可以把它们挂在墙上的粘钩上，比起放在成摞的盒子里，要方便很多。

还有刷子之类的清洗工具，以及我们的钥匙，也可以用这样的方式收纳，比起把它们收放在柜子里、抽屉里，这种粘钩收纳的方法，用的时候会更方便找到。

生活中的创意，在节省中就可以自由灵活地运用，是不是特别有成就感呢？

## 03 贵反而省：过贵而有品质的生活

过得贵一点，性价比反而更高。

看到一位网友的故事，它应该在很多朋友的身上都发生过。

刚上大学的时候，我在室友的帮助下，学会了使用淘宝，对于毫无网购经验的我，就像打开了新世界的大门，发现上面的东西又好看又便宜，于是便开始了无尽的“剁手”之路。

刚开始这个也想买，那个也想买，心想着反正也便宜，就都买了。结果可想而知，大部分买回来的衣服不是不合身，就是质量不好，和想象中的差别太大，抱着反正也便宜的心态安慰自己，损失也不大，那些衣服就丢在角落再也没穿。

网上还有一个很有趣的段子：每当换季时总感觉自己没衣服穿，说得好像自己去年是裸奔过来似的。其实不是我们没有衣服穿，而是打开柜子，看到一大堆廉价的衣服，就自然没有了穿的欲望。廉价的东西，先不说它的质量是否不好，在我们的潜意识里都不会去珍惜和重视它。如果你好不容易攒了一笔钱，买了一件很贵的衣服，这件衣服质量好，穿着又舒服，你会轻易把它放在衣柜的角落里吃灰吗？

我们买一件物品，先不要单纯看它的价格是贵重还是便宜，而是先要看它对自己的使用价值有多大。如果我们总是买廉价的东西，却用不上，实际也是一种巨大的浪费。

我们往往容易存在这样一个误区，买贵的东西意味着要多花很多钱，那么事实上怎样呢？

举个例子，当你买的家具当中，有三个折叠沙发，一个是完全实心的钢架结构的，两个是中空超薄钢架材质的。使用一年时间后，中空超薄钢架材质的会变形，甚至折断，很快就要淘汰，而完全实心的钢架结构的会使用十几年也不会毁坏。哪个性价比更高些呢？

所以当我们看到，自己以前买的廉价物品，很多都没有发挥出它的商品价值时，就应该好好考虑一下，让自己尝试换一种生活方式，从“贵”一点出发，既能减少浪费，又能提高自己的生活品质。

要求高一点，我们得到的东西，往往也会更好一点。

我的舍友小姜，在找对象的时候，总是认为自己是农村出来的，家境不好，遇到条件稍好一点的，总觉得自己配不上。其实小姜很漂亮，也很优秀，只是她的思想意识中，不敢奢望找一个家庭经济条件好一些的。所以，她锁定的交友人群，都是低收入群体。后来嫁了一个所谓门当户对的男子，生活一直穷困潦倒，颇为艰辛。

而连霞却和小姜的想法恰恰相反，连霞和小姜的条件相当，但是连霞始终都觉得，自己配得上更好的，她的交友人群就锁定在比她收入高的人群，并且同时努力提升自己。

连霞后来嫁给了一个公司高管，她自己也努力学习提升，有了自己的公司。家庭事业双丰收，生活富足和谐。连霞后来说："每个阶层都会有适合的人，那么我为什么不去找那个更好一点的呢？"

不是小姜找不到她那样的爱人，是因为一开始就觉得，自己配不上那样的人，所以选择时就自动过滤了，连一丝机会都没有给自己。

我们不妨试想一下，到底是我们得不到更好的东西，还是我们根本没有给自己这样的机会？我们是否总是从一开始就否定了自己，认为自己配不上更好的东西，根本就没有朝着那个方向去努力？

人们的定位在哪里，就会去做与之相匹配的事情，随后就会得到与之相匹配的结果。不要害怕去奢望和追求拥有“贵”一点的东西，应大胆争取，即使争取不到，也不会有什么损失，不是吗？

好友晓丹有一套140平的大房子，装修完毕，力邀我前去参观。

她的房子坐落在新城区湖边，环湖一圈是新建的高不过五层的花园洋房。环境优美，绿化率高，容积率却很低，是居住的上佳之选。晓丹的家位于楼层最佳的三楼。

我在一旁羡慕不已，晓丹却瘪瘪嘴：“这个小区的三楼都是给穷人住的。”

原来，一二楼送地下室，四五楼是复式房，只有三楼是平层，没有外送面积，价格相对要便宜一些。当然与那些地段和环境都欠佳的小区相比，还是贵了很多。晓丹说，她就是看中这个小区的环境，幽静舒适，可观湖景。这是她力所能及可以给自己的最好享受。

新装修的房间，四壁皆白墙，也没有水晶吊灯、射灯、彩灯等复杂的装饰，追求的是朴实简洁、明快清雅的北欧装饰风格。

“就这样啊？你也不好好装装，至少配得上房价吧。”

我调侃她。“老土。”她轻骂我一句，拉我进了厨房。用手拍拍墙，拧拧水管，开开橱柜的门，“看到没？钱都花在这里了。”

晓丹把大部分的装修预算给了厨房和卫生间，还有地暖。这些地方，大部分管件都要埋在墙里，后期维修成本很高，所以都用了最好的水管、最好的五金件。整体厨房、沐浴房、马桶、洗脸池，也都用了最好的品牌。也是，连床上用品都要讲究到用180支纱的晓丹，怎么可能对装修将就呢？

想想我自己的那个家，装修时没花多少钱，还追求佛性装修，隔三岔五才去工地看看。结果，悲剧了。入住没多久，三天两头不是吸顶灯灯管坏了，就是马桶进水管漏水了。

最可笑的是，为省钱，省到不装进户总阀，每次换水管，都是风里雨里淋湿着你。真后悔当时为什么要图便宜，让自己多出这么多的烦恼，还多花不少冤枉钱。

用贵一点的东西，不仅是品质有保证，更重要的是，能够体验到高品质带来的舒适和安全，享受生活更多的美好，不会因为品质上的瑕疵而频繁修补，影响心情不说，浪费更多的时间和财力。

如果我们总是买廉价便宜的东西，生活品质自然而然随之降低。就像有人觉得，自己找不到更好的工作一样。自己根本就没有去尝试，又怎么可能找到更好的工作呢？无论我们想得到什么东西，都要让自己勇敢去追求，不要图省事和便宜，刻意降低自己的生活品质。

刚毕业的时候，班里很多同学为了早点找到工作，领到薪水，就草率进了一个单位，开始了低起点的职业生涯。

可是杨洋却一直没有动静，后来当她被一家跨国的上市公司录取后，我们才知道，她的简历只投递给这些大型的上市公司。

杨洋的职场生涯，起点定位就比我们高出一大截，在世界500强的上市公司工作，企业文化和学习氛围的熏陶，是毋庸置疑的。

多年过去，杨洋现在已经在另一个国家，做这个上市公司的分部总监去了。

我们羡慕的同时，其实更应该反思自己。在人生的同一个站点，我们让自己的眼光低到了尘埃里，根本没有看清自己的真实价值，就草草给自己的人生做了定位。

一步的差距拉开，以后就可能会出现更多的差距。我们给自己的目标定位低，对职业的诉求廉价，导致我们投简历的方向，是盲目而低端的。试想，我们连让自己多尝试几次的机会都没有给自己，又怎么可能有更高的职业起点呢？

**把人生活得恰到好处**

在生活中，要求的“贵”一点，得到的东西的性价比就会高一点。在爱情上，对自己的要求优秀一点，也就会遇到优秀的人。在职业规划上，要求的“贵”一点，就可能会得到高出周围人更多的新起点。

# 第七章

# 冒点风险，生活更有价值

# 没有风险，生活就无趣无益

## 01

在知乎上看到这样一个问题：

人生有多少个风险？

有人说："风险是无限的，任何不确定的事情都可以称为'风险'。"

其中有一个高赞的回答说：

详述人生最大的风险依次是：

1. 伤残、疾病。平时不注意保护和保养身体的人，才最没风险意识。

2. 生逢战乱。

3. 读错书，交错朋友，养成坏习惯，甚至走向犯罪。

4. 家庭不完整。特别是年幼失去父母。

5. 结婚。包办或选错婚姻造成多少悲剧，那是一生一世的风险。

6. 就业或创业选错了工作或选错了事业机会成本最大。

（注：前六项往往身不由己）。

7. 赌博买彩票，炒期货，期权，这些投机品种失败的概率太高。

8. 买房。占一生收入比重多，还要加装修，做错决定再卖出损失大。

9. 买股票。这种风险是交学费的风险。以后经验多了，走失的马儿还能带着小马回来。

可见，只要人们活着，无论是不是愿意冒险，风险都有可能会在猝不及防的时刻到来。

知乎上还有这么一个问题：

有时候觉得人生无趣想死怎么办?

其中有这样一个高赞的回答：

觉得生活没有意义，循规蹈矩无所适从，走别人走过的路，做着我们“应该”做的事情，好像人生就这么碌碌无为，一辈子，并没有什么可留恋。

可是当我真的开始考虑，如果某一天真的醒不过来，会有什么遗憾呢？

除了家乡，我只去过四个城市，可这世界上还有那么多山好水好的地方我不曾去过，还有那么多我崇拜欣赏的偶像没有见过，还有那么多的小吃特产我没有尝过。

我想吃正宗的重庆火锅，我想到内蒙古大草原吃烤羊腿，我想知道西安正宗的肉夹馍和街边小摊的到底有什么区别，我还想知道，如果到美国街头去烤羊肉串，会不会一夜暴富？

我还没有带父母出去环游世界，没有让他们随便挑住的地方和吃的东西，没有让他们对我完全满意，没有让他们生养我的那么多年有所回报，我怎么忍心就这么离开？

我没有看完世上所有的好电影，没有看完世上所有的好文字，没有让世人记住我，没有给这世界留下一点可以纪念的东西，就这么白白受苦离开，又如何心甘？

更何况，我还没有遇到一个愿意与之厮守相伴的人，我又怎能预料，若是遇见他，人生会不会有所不同？

我学过心理学，可是我并不喜欢用心理学知识来分析治疗自己，这种心态上的转变，除了自己，没有人能真正帮上忙。

如果不喜欢现在的路，那就考虑考虑要不要给自己一个转弯的机会。

表哥李涛从小就是个不让父母省心的孩子，上学的时候经常逃学，和一帮小混混在一起，被学校各种的警告、记过、处分，一次又一次叫家长。

姑姑气得生病，姑父被气到，有一次拿着个胳膊粗细的木棒，朝着表哥狠狠地抽了下去，一下又一下，木棒都被打折了，表哥的身上青一块紫一块，愣是没吭一声。

学校后来看他屡教不改，就把他开除了。表哥被开除后，姑姑断了他的经济来源，要求他自力更生，否则就饿肚子。

老师和同学都敬而远之，父母亲人也渐渐疏离，表哥把自己关在房间里，几天没有出门。所有人都认为，表哥这辈子就这样了，不再对他抱有希望。

反思之后，表哥收拾行李，和同村的人出去打工，拼命卖力。因为骨子里的倔强和性格的不羁，他出门在外没少被人欺负。好在脑子好使，加上吃苦耐劳，他很快就找到了一条致富路。

可以说他是那个年代农村第一批富起来的人。再后来，由于见多识广，他越来越意识到知识的重要性，人到中年，为了事业的发展，还专门去夜大学习，提升自己的文化水平。

表哥成功之后，也不忘回报自己的家乡。村里的那些泥土路，由表哥出资修成了柏油马路。

可以说，生命那么长，我们可以试错，可以跌倒，却没有理由懦弱退缩。人生在世，最大的失败不是从未跌倒，而是从来不敢去奔跑，从来不曾去冒险！

## 02

我的初中同学赵宇，上学的时候家里穷得叮当响，初中没上完，就跟着父母一起外出打工了。一个农村出来的穷孩子，没见过什么世面，又没有多少文化，吃尽了生活的苦。

刚开始，他在汽修店做过学徒工，在服装市场帮别人卸过货，在街边的烧烤摊帮别人打过杂……就这样从一个十几岁的少年，成长到二十几岁的青年。

在社会的最底层摸爬滚打的赵宇，看到和他一起打工的大男孩开始结婚生子，而他们的孩子却和城里的孩子不一样，不能在宽敞明亮的教室学习，只能在私人租用的破旧厂房里读书。

赵宇越来越意识到跨域阶层的重要性，他虚心和每一个有文化的同龄人求教，发誓不在大城市安家落户坚决不结婚生子。他把数年来自己积累的血汗钱——父母让他留着娶妻的钱全部用来投资，在火车站附近的大型商场里租用到一个摊位，开始批发零售男装。

因为缺乏对市场的了解和考察，也缺乏市场销售和运营的经验，导致这次生意失败，他多年积攒下的血汗钱，血本无归。恋爱三年的女友也离他而去。

那些日子，对赵宇来说，无异于跌入了万劫不复的深渊。没有强大的内心支撑，常人很难重新站起来。

后来，赵宇自己想方设法又在银行贷到几万元钱，加上父母帮他又凑到的几万元钱，在市郊租下一个厂房，开始做月饼包装盒。

这一次，他吸取了之前的教训，自己亲自深入考察市场，了解客户心理需求，研究开发客户的各种技巧和流程，每一个环节自己都做到了如指掌。

在最艰难的两年创业时期，他吃住都在厂房，每天和工人一起研究技术，和业务员一起开发客户群。

到了第三年，工厂进入了良性的发展，他投入的所有本金不仅全部收回，还扩大了工厂门面，客源越来越多。

那一年，他和自己聘请来陪着他一起创业的技术员姜梅正式确定了恋爱关系。

现在，赵宇和姜梅已经结婚生子，也有了自己的品牌。

在国际商品展销会上，经常能看到他们的展位。公司员工已经发展到数百人，厂房面积也在不断增大，职工宿舍楼盖得非常漂亮。赵宇已经是业界的一个励志传奇。

生而为人，我们每天都要面临很多事情，有些事情就是突如其来，防不胜防，我们都无法做到未卜先知。当事情来临的时候，怎样去面对和处理，才是考验我们的胆量和智慧的最佳时机。我们没办法让人生不去面对风险，可是我们可以选择怎样去面对风险。

舅舅当年做铝矿，曾经赔得倾家荡产，可是他没有认输，短暂的消沉过后，他很快就想办法从银行贷款，在老家办起来一个预制场。

为了厂子的管理和效益，他吃住都在厂里，经历了最初两年的艰难创业时期，厂子慢慢步入正轨。直到现在，他的工厂已经成为当地有名的乡村企业。

当一个人选择孤注一掷的时候，面临的风险一定是巨大的。也正是面临着巨大的风险，才会让人有背水一战的决绝和全力以赴的激情。巨大的风险，同时也可能蕴藏巨大的机遇。

## 03

没有风险的人生，那根本就不叫人生。

我们目前所处的社会，是个物欲横流的社会，人们不断地追求更高层次的生活品质，追求奢华的物欲诱惑，风险更是显而易见的。既不甘心平平淡淡，又不愿意自己的生活承受风险，这是很多人都做过的美梦。

这些人在多数情况下，会觉得人生寡味无趣，每天上班、下班、吃饭、睡觉，看着别人的人生，或轰轰烈烈，或精彩纷呈，自己一边安于现状，一边在心中忌妒和不平。

他们害怕努力后的失败，害怕奋斗后的无果，害怕折腾后别人的笑话。

生命的旅途，实际上就是一种冒险和不断试错的过程，人生的意义，也在于试错中的不断改进和突破。

爱迪生发明电灯时，为寻找适合做灯丝的材料，反反复复实验了1000多种材料，最终发现了钨丝，才成功发明了电灯。正因为爱迪生在不断的风险试错中不停改进和探索，才创造出后来的光明世界，让我们不用在暗夜中沉寂。

肯德基的创始人桑德斯上校，在创业初期，向其他餐厅出售自制炸鸡的配方，被拒绝了1000多次，后来终于有人购买了他的配方。经历了这么多次试错，最终换来的是他的连锁店开遍全球。

其实，只尝试一次就能成功的人，简直是凤毛麟角。更多的成功，都是在一次次的试错中出现奇迹和逆转的。冒险和试错不一定会成功，但不去冒险和试错，就一定不会有任何成功的可能。

## 04

众所周知，阿里巴巴自从2014年上市以来，马云已经多次位居中国首富。很多人都在羡慕马云的成功，而事实上，马云自创业以来，经历过许多次不为人知的辛酸。

20多年前的马云，没少为自己的外貌发愁。在他第一次高考落榜后，他想过要去酒店做服务员，也梦想过去做警察，但都因他的外貌特征被拒绝了，因为人家嫌他长得丑。马云最终也没能进入他梦想中的酒店行业，也没能当上警察。后来马云找到了一份零工，去蹬三轮车，给人送杂志。

马云创业，是从创办海博翻译社开始的，刚起步就面临窘境。翻译社第一个月的收入是700元，而办翻译社租赁的场地，需要支付的房租是2400元。为了能够让事业撑下去，马云把翻译社的一半店面转租给了别人。他自己还背着麻袋，去义乌批发鲜花、手电筒、内衣、袜子、工艺品等去卖，卖来的收入用以贴补翻译社的开支。

后来，他还挨家挨户上门推销过商品，推销的过程让他受尽了别人的白眼。如果当时的马云但凡有一点玻璃心，那也就不会再有后来的阿里巴巴。

马云做“中国黄页”的时候，国内还没有互联网，当时互联网给人的感觉就是个看不到摸不着的东西。马云面对的不仅仅是要向客户证明客户资料已经上网，还首先得能够证明世界上真有互联网这种东西。

他每天出门，做的最多的事情就是向人们讲述互联网的神奇作用。为了让对方相信，他除打印网页让人家看之外，还请对方免费打越洋电话，咨询在美国的亲戚朋友，帮忙上网查证。

1995年，上海率先开通了互联网，据说当时马云得知这一消息后，泪水当即就掉了下来。那个时候，在很多没有互联网的城市，马云一直被人称为“骗子”。这就是“马云是骗子”的最初来源。

三一集团董事长梁稳根，最初是在国营企业工作，因为他一心想当“万元户”，在工作两年后，递交了辞职书。失去了他原来的干部身份，也失去了城市户口。梁稳根的父亲，被他气得拿着扁担追他，想要把他撵回洪源机械厂。

据梁稳根自己回忆说，当时他就已经做好了失败的准备，如果经商失败，就去做两件事：一是写一本书——《此路不通》，以此来告诫像我一样冲动的年轻人；二是到落后的山村去当先生，教书育人。

在经历贩羊、营销白酒、生产玻璃纤维一系列失败后，梁稳根将目光转向他的专业特长——做焊接材料。他为此在焊接材料市场不知疲倦地观察，准确捕捉到焊接材料在市场上正处于供不应求的趋势，于是就号召和他一起的三个兄弟回家借到6万块钱，大胆成立了涟源茅塘焊接材料厂，赚了创业之路的“第一桶金”。

2011年，在由胡润研究院制作的“2011年中国百富榜”中，身为三一集团董事长的他，以700亿元人民币的财富问鼎“中国首富”。

联想集团创始人柳传志，创业之初，仅凭20万元，11个人，一间破传达室，就成立了公司。当年的柳传志，根本不知道为何要成立公司，只不过是随大流下海创业。

为了发工资，他带领所有员工当“倒爷”，拉板车，在中关村摆地摊，卖过的商品琳琅满目，包括运动服、电子表、旱冰鞋、电冰箱。他曾被公安机关认定投机倒把罚款100万元，还曾被认定走私罚款300万元。40多岁的他，仍旧没有找到人生的方向……

柳传志说：我当时打死都不会想到，我和我的同事，能把公司办成今天这个样子。

别人光鲜履历的背后，是无数次冒险和试错的累积，是无数汗水和泪水的叠加，是一步一个脚印的泥泞摸爬。

## 05

小蒋是一名乡镇公务员，她虽然工作比较清闲，但心累，自己时常感觉是在浪费生命。

早上8点上班，打开电脑，挂上QQ用于传送文件，遇到老同学问一句过得怎么样，就回一句还那样。平时看看新闻，如果领导安排任务就做，但大多数时间是没什么具体工作的。

像小蒋这样的，别看工作并不繁重，但业余时间真是屈指可数。早上7：30出发，8点上班，中午离家远不能回去，晚上6点多到家。一周工作6天，只有一天休息，而且每月总有一天要值班，值班就是坐在值班室里看着电话，上级来通知了记录下来。其实这种事一个人做就行了，但单位规定非得两个人都坐在那里，缺一个就罚款。

这样到了中午12点左右，去食堂吃饭。中午离家远，回去来不及，就在宿舍睡一觉。下午上班把负责的活儿干完，大概只用1小时时间，然后就等下班了。小蒋的生活大致就是这样。

前些日子，小蒋实在觉得这是在浪费生命，就跑到领导面前主动申请任务，结果申请了3次也没有要到，总是被以各种理由推掉。

老公说她傻，干也是这些钱，不干也是这些钱，这是多么舒服的工作啊，多么自在啊，有钱拿还体面。

但小蒋不想这样继续啊，却又没有自己的方向，看着十年前辞职去大城市打拼的一位同事，已经是一个初具规模的企业法人了，她也只有唏嘘羡慕的份。

求稳的心态，往往是多数人的选择。因为他们不愿经受风险的冲击。

新东方教育集团董事长俞敏洪，离开北大后，他曾经一度失去了生活来源，为了养家糊口，他就办起了培训班。

最开始办培训班的时候，俞敏洪为了招生，常常一个人骑车，拎着糨糊桶，满大街贴招生广告。有时候妻子也会帮忙，一起到大街上贴小广告。

其他季节还好些，糨糊不会影响使用。但是一到冬天，糨糊经常就会冻成一块。在不出去贴广告的时候，他和妻子就待在“教室”里，在心理煎熬中，盼望着来报名的学生。

为了学校发展，难免要交际应酬，在一次的交际中，俞敏洪一口气喝下两斤白酒，被送到医院抢救了6个小时，才抢救过来一条命。

正是俞敏洪在办学的过程中，一直坚持不懈地努力，才有了现在的新东方教育集团。别人看到的是光鲜的外表，自己经历的却是刻骨的磨难。

娃哈哈集团董事长宗庆后，有着“旧官僚后代”的出身，在以出身论英雄的年代，这个标签曾让他尝尽了人世的艰辛。

宗庆后16岁的时候，被“安排”到浙江舟山去填海滩，在那里一待就是15年。1987年，宗庆后已经42岁了，他拉着“黄鱼车”，穿梭在杭州的街头巷尾，推销冰棒。在这个过程中，他观察到做儿童营养液有很大的市场。

已经42岁的宗庆后，显然已经不是创业的最佳年龄，亲朋好友都劝说他放弃。而宗庆后却固执地说：“你能理解一位

40多岁的中年人，面对他一生中最后一次机遇的心情吗？”十多年后，宗庆后的娃哈哈集团，已经成为中国最大的饮料生产企业。

不愿承受风险的命运，只能是平庸无奇的命运，被时代的浪潮推着随波逐流，永远只能滑动在一条被动无奈的路上。

## 06

你所羡慕的人的生活背后，都有你熬不过的苦涩。你所仰望的人的精神世界，都有你达不到的格局和视野。一个人能够走多远，无非是泡在绝望的凄风苦雨里时，㞞没㞞的问题。

同学良子经商多年，身价不菲，前前后后已经资助了几十个贫困学生，还出资扩建了学校的图书馆。

良子刚开始创业那年，因为没经验，加上不了解市场行情，导致生意一败涂地，还欠下别人十几万元的贷款。生意失败后，良子曾经坐在人流如潮的马路边，旁若无人般号啕大哭。

后来互联网兴起，良子开始尝试走电商这条路。最初为了节约成本，他一个人守着电脑接单，经常不眠不休。特别是节假日做促销活动，哪怕闲下来一分钟，都有可能流失订单。良子强打起精神，不分白天黑夜，不停地接单，发货，宣传，促销，硬是用自己的拼命把这个生意扛下来。

后来生意越来越好，才慢慢扩建团队。有一次聚会，良子说："你们只看到我赚到更多的钱，但没看到我每天要处理工作到深夜，工作强度大，还要起早贪黑。心理压力也大，因为要顾及公司几千人的饭碗，顾虑员工能不能吃得饱、穿得好，顾及能不能给每个员工都办上住房公积金，都买上保险……因为压力过大，导致不断脱发，造成了现在稀疏头顶。"

每一个表面看起来风光的人背后，都有他搏击风浪的魄力和勇气，在狂风恶浪里，没有认尿，更没有放弃自己。

马姐是我前公司的老总，和她的相交相知，是源于一个暑假，我成为她一双儿女的家庭教师。

那年暑假，为便于给两个孩子补习功课，马姐在家里给我收拾出一间卧室，让我住在她家里。也就是从那个时候开始，我才知道，马姐在儿子一岁的时候，因为前夫出轨，她坚持离婚了，成为带着一对儿女的单亲妈妈。

马姐开过大酒店，做过公司，每天忙完事业忙家里。节假日，除了给两个孩子辅导功课，我偶尔还会陪着马姐出去见客户、谈生意，她背后的那些不易和艰辛，如果没有亲眼所见，根本就想象不出来。

她自己经常要忙到夜里12点以后，才会有时间做点自己的事，早上6点之前，准时起床给两个孩子准备早餐。

随着马姐的公司越办越好，她自己还投资了几处商铺和房产。儿女也争气，先后进入名牌大学，后来分别留在美国和北京工作。

没有一个人的成功是唾手可得的，他们背后承受的压力和艰辛，也是外人无法想象的。

从《中国诗词大会》到《朗读者》，让无数人爱上了优雅知性、才华横溢的董卿，作为主持人她在节目中出口成章，妙语连珠，她对中国古典诗词游刃有余，信手拈来都是美词佳句。

董卿曾经说，自己的工作和生活，陷入了一种可怕的惯性，这种惯性让她害怕、不安。之后她抗住了压力，牺牲了无数休息的时间，做了《朗读者》这个节目。无疑，这个大型文化节目取得了异常的成功，受到了广大观众的喜爱。

董卿，这样一个站在行业巅峰的人都不甘惯性的生活，拼命努力做出成就，那平凡如你我呢？所有自带光芒的人，他们都信奉一个宗旨：生命不息，折腾不止。在折腾中，风险和效益是并存的。没有风险的人生，无趣也无益。

成就董卿的，有冒险和折腾，还有坚持再坚持。爱在风险中折腾的人生，既有趣又有益。

# 最危险的事，是一点风险都不冒

## 01

绝对的零风险是不存在的。

看到过这样一个小故事。

有两扇门，分别关了一只老虎和一个美丽的少女——你的梦中情侣，如果打开门看到的是老虎，你就会被撕得粉碎，如果是你的梦中情人，当然是最理想的。

第一个年轻人胆量很小，哪扇门也不敢开，结果他一生平平淡淡，始终后悔叹息。

第二个年轻人邀请了一个所谓的分析师，根据老虎的吼声、气味等分析哪扇门关的是老虎，又根据少女特有的芬芳气味分析哪扇门关的是梦中情人，分析来分析去还是拿不定主意。年轻人想再过几年就欣赏不到少女的美丽容貌了，因此决定开门，结果被老虎吃了。

第三个年轻人利用有限的时间去学习驯虎的技术，学成以后，他随意打开一扇门，结果看到了自己的梦中情人。

这个故事其实是告诉我们：绝对的零风险是不存在的，而科学适用的风险管理措施，却是非常重要的。

网友小A讲了自家的创业故事。

我爸之前攒了点钱，投资养鸡场，是包山头放养的那种。结果小鸡还没长大呢，禽流感就爆发了，所有的投资血本无归。

后来，我爸利用职务之便，又投资采矿，并且安插大表哥在矿上当小头目，慢慢有了一些盈利。结果盈利没几年，大表哥就携公款潜逃，我爸也被领导雪藏了。

我爸还是不死心，又开了个足道馆，内设麻将桌、点餐等业务，开了一年多，到现在还在赔钱……

网友杉也给我们讲述了他舅舅的创业故事。

舅舅中山大学经济系毕业，20世纪90年代初经过考试，进入法院体系工作。工作没几年，他辞职炒股，亏得一塌糊涂，连吃饭钱都没有。

后来他只身去广州闯荡，其间开始做化工生意，日子才慢慢有了起色。再后来，舅舅又转行自己开办公司，还帮别人炒股，另外还投资其他的行业，例如棋牌室之类，身家开始不断攀升。

那个时候，他整天都会被身边的朋友簇拥着，大家都特别羡慕他，感觉只要敢于投资，就一定能够变成像我舅舅那样的富人。

但是前两年，他自己又投资了一家酒店，因为选址比较偏僻，酒店服务类型也有点单一，酒店生意一直不见起色。因为前期投入建设费用，场地租金和人工费，开支很大，就跟别人借了很多钱。后来后续资金却跟不上，加上人气不足生意不好，导致入不敷出，资金链断裂，最后把车子、房子全部都卖了，还欠人家一屁股债。

原来身边围着他追捧的朋友，一个个都离他远去，他自己也是因为要出去躲债，经常见不着人影。因为经营酒店，导致投资失败，舅舅的人生也遭遇了大起大落。

通过这些投资事例，我们不难发现，没有任何风险的高收益额投资，几乎是不存在的。对投资者来说，风险一定是有的，所不同的是，风险的大小问题和投资者的风控能力的问题。

只有不怕承受风险的人，才能从风险中受益和成长，才能感受到冒险带来的不一样的人生体验。

## 02

我们经常看到投资成功的名人，例如李嘉诚、马云、比尔·盖茨……他们光鲜的背后，承受过不少的磨砺，但是世人只看到他们成功的一面，很难对他们的艰辛感同身受。

给大家讲一个我公婆的事例。

20世纪90年代，我公婆在老家的小县城，靠给各饭店供应啤酒，积累下了第一桶金。后来县城经济不行了，很多大饭店也都开不下去了，啤酒滞销，从此就开始走下坡路。

他们看海鲜生意不错，就开始投资，为此还专门在海边买了一间小房子，结果那年海鲜极其便宜，赔了一大笔钱。后来又投资农产品，折腾两年也没赚钱。再后来也开过工厂，但是不但没成功，就连最初的资本也都慢慢用完了，导致后来我老公和大姑子上大学时候，家里到处借钱交学费。

我本家的一个堂叔，以前投资老家附近的药厂，赚了很多钱，最后因为药厂没有通过国家认证，就关门了。堂叔就改投省里另外一个认证过的药厂，结果因为各种原因赔得很惨。最近几年在老家搞基础建设，才算翻身。

做生意不但要对这个行业熟悉，对所在这个城市、人脉也要熟悉。像打仗一样，孤军深入危险就大。

我上高中的时候，堂叔因为一个朋友的关系，接了个糠醛加工厂，糠醛即用玉米芯做出来的一种工业原料。加工厂刚开始很赚钱，但是后来受到2008年的金融危机的影响，而且农民对玉米芯一点不重视，收上来的质量也不是很好……最后加工厂被迫关了，也损失了不少钱。

可见，零风险创业是不存在的。不管做什么事情，都存在一定的风险，只不过是风险的大小不同而已。

根据不同创业者的经历，我们不难知道，想要赚钱，首先要有本钱，至于那些空手套白狼的把戏，十有八九是骗人的，要不就是犯法的。

创业还要有头脑，能在遇到困难的时候坚持不放弃，并且懂得适当改进一下方法。

另外投资有赚钱市场的，但是要重新了解所要投资的行业，以便更多地规避预期的风险。

尽管冒险会带来失败，可是一点险也不去冒，这一定是世界上最危险的事。因为不敢承担风险的人，成功的可能性基本为零。

## 03

既然投资是有风险的，我们要规避风险，是不是就不要去接触有风险的事情了呢?

其实在这个世界上，不论做什么都是有风险的，零风险的事情根本不存在。我们没有必要刻意地把精力放在规避风险上，而是应该抛弃顾虑，做自己真正想做的事情。

这就像是做投资，可能有人会说，这是有风险的，不能去做。但殊不知，不投资，将钱存在银行或者埋在地下，都会贬值。

我姑妈20年前在小镇上做生意，开过店，办过厂子，家里积蓄颇丰。后来觉得投资有风险，就把钱存到银行，想着安稳度日吧。可是20年来，物价一再上涨，现在，那点钱想拿出来建一所像样的房子都已经不够用了。日常生活的开支，都有点吃不消。

所以，折腾与不折腾的区别就在于，折腾了，可能会失败，但也有可能会有更大的收益；不折腾呢，就注定只能原地踏步甚至跌落谷底。

大家都知道，郭敬明大学时期就开始创业，尽管他在国内作家收入排行第一，但这与他在商业上的成功比起来，显然是相形见绌的。

郭敬明有着惊人的商业嗅觉，他在大学时期，成立名为“岛”的工作室，出版过一系列的杂志与期刊，后来发展成立了柯艾文明传播有限公司。

早在2005年起，郭敬明就为刊物读者供给“立体服务”，相继推出了音乐小说《迷藏》，小说主题的写真集，以及《梦里花落知多少》……郭敬明用自己的小说《小年代》改编拍摄的影片，卖出了近5亿元的票房。

王兴是校内网、饭否网和美团网的联合创始人，除此之外，他还是一名大学生创业者，是典型的在还没有职业阅历的前提下就开始创业生涯的人。

王兴曾经是大家眼里的天才少年，他没有参加高考，直接保送清华大学，结业后又取得了全额奖学金去美国特拉华大学深造的机会。他的导师，是第一位取得MIT核算机科学博士学位的内地学者，名字叫高光荣。

王兴学成归国，就开始创业，他创立的国内版facebook校内网，很快就风行于各个大学校园。2006年10月，校内网被千橡以200万美元的价格收购。

2010年3月，经历了饭否网被封波折之后，王兴上线新项目美团网，并在千团大战中稳居前三，还先后取得红杉和阿里巴巴的数千万美金的融资。据统计，美团单月流水，现已打破10亿元人民币。

有人说：许多重大的成就，都是通过冒风险的错误才取得的，这些错误成为通向成功之路的垫脚石。最成功的人，往往就是敢冒大风险的人。

# 不留退路是最好的退路

## 01

只留一个预案，然后心无旁骛地去努力。

我的大学同学小周，在2000年的时候，辞去老家勉强糊口的公职，只身一人到大都市打工，希望能够改变自己的命运。

他身上有着令所有人都钦佩不已的魄力。要知道，当年的小周端的是国家的铁饭碗，那时候也很少有人，敢把自己的铁饭碗砸掉，去赌一个不确定的未来。

小周放弃所有，那种破釜沉舟的壮志和断腕般的气势，没有给自己留一点退路，这让他后来吃了不少的苦头。

在陌生的都市里，因为找工作屡屡碰壁，小周身上带的钱很快就花完了，晚上只有和一群民工睡在立交桥下的柱子边。

后来，为了生存下去，小周到一个饭店做帮工，先解决了食宿问题。一边做帮工，一边利用每周半天的休息时间，骑着同事的一辆破旧自行车，在大街小巷穿梭，寻找机会。有一次，酷暑难耐，小周见路边的树荫下有几个大学生模样的坐在那里招生，就停下来，和他们一起聊起来。

聊了一会儿，小周才明白，原来，市里的孩子都是要上辅导班补课的。他突然灵光一闪，办辅导班，前期只需要几张桌子，几张凳子，租一间房子，印一些招生宣传页，再找几个学生带着，就算起步了……

小周说干就干，很快就在一所小学校附近租下一个房间，一楼的居民房，月租金才200元。假期一个学生的辅导费收200元，他一共收了6个学生。

这个小房子，白天是教室，晚上就是小周的卧室，比在饭店当帮工强多了。后来学生越来越多，一个房间坐了20个孩子，小周就把二楼的一间房子也租了下来，还聘请了一个大学生来做帮手……三年时间，小周已经把附近一个商务楼的整个二层租了下来，办起了正规的培训学校。

小周的事例，在同学之间传为佳话。

## 把人生活得恰到好处

前同事王亮，在辞职的时候，已经到了山穷水尽的地步，同事们都劝他，虽然单位工资不高，但至少旱涝保收，饿不着肚子。辞职后，一切都是未知数，风险太大。可是王亮还是选择了辞职创业。

他在市郊租了个厂房，开始做粉丝。前期投入了多年的积蓄，请来专业的师傅，购置设备。刚开始为了节约开支，他就自己一边当学徒，一边跑市场，经常是一天下来，忙得口干舌燥，饥肠辘辘，连饭都忘了吃。

两年后再见王亮，才30岁的他，头上居然有了白发。他毫不掩饰地说，表面看起来自己是个光鲜的老板，但是员工多了，每个人都要按时开支，肩上的责任也更重了。于是就要想更多的办法，把厂子的效益提高，让大家的日子都有奔头。

现在的王亮，已经不缺钱了，工资是当年的几百倍也不止，但他又有了社会使命感，他要让厂子能够养得起更多的人，养得起更多的家庭。

王亮用自己孤注一掷的选择，给自己的人生开辟出一个新的起点。这里面一定有太多的风险和压力，如果当年他听了前同事们的劝告，生活或许会波澜不惊，也就不会有后来的企业。

只给自己留一个方案，然后全力以赴地去努力，人生中，才能有坚持下来的奇迹。

## 02

在工作和生活中，学会找专业人士解决问题，往往会事半功倍。

首先，什么是专业？专业就是专门从事某种工作或职业的。每个专业都有常人难以理解的特点与规律，这种特点与规律都被专业人士熟练应用并深入研究过，所以他们可以在自己的工作范围内，驾轻就熟地把这些专业事情做到很好，做到极致。

专业人士往往更清楚，自己在专业方面存在的不足与缺陷，以及应该怎样改进和突破。所以，相比较而言，因为他们对专业的认知，比较一般人而言要深入得多，在所属专业领域里，工作一定会做得更好。

每一个行业，都有常人难以了解的内容，毕竟是隔行如隔山。能在一个行业里面，长久立足的专业人士，一定有他独到的地方，起码是具备专业水准的。并且能够在专业领域内，出现突发状况的时候，很好地把控形式和调整方向。

在国内，华为是众所周知的强大企业。

华为的财务管理是毕马威的，客户管理是埃森哲的，述职制度是微软的，精密生产是丰田的。职业生涯规划与薪酬体系、任职资格管理体系、集成的产品开发管理是IBM的。这整套下来咨询费不低于10亿元人民币。

很多企业老板为什么做不到华为那么强大呢？因为有的人总是什么都想做，什么钱都想赚，不想让别人赚钱，分工也总难以明确，结果自己总也做不大。

让自己强大很简单，像华为一样，用专业的人，做专业的事。

我的朋友张恒，是一位专业的英语老师，辞职后多次创业，做过建材，开过加工厂，还做过餐饮……最后都以失败告终。

后来，他根据自己的专业重新定位，创办了一个英语培训机构。因为专业精湛，教学成果显著，培训机构越办越红火，目前已经在当地发展了二十个连锁机构，还注册了自己的品牌。

他把培训机构的市场，委托给专业的市场拓展经理管理；把家校沟通的工作，交给专业的咨询师；把学生日常调剂和管理，交给专业的督导老师；他把所有的精力集中在领导教师队伍，在教育教研的改进和突破上。用专业的人，做专业的事，张恒的创业之路无比顺利。

老家有一个熟人章哥，在广州做生意，经营一个加工金属首饰的厂子，生意做得风风火火。后来，本家的堂弟非要跟着他一起干，要他帮着提携一把。碍于血缘和亲情，章哥磨不开面子拒绝，只好答应下来。

堂弟到厂子后，看到那些加工出来的首饰，看起来金灿灿的，跟真的黄金一个样。堂弟于是瞒着章哥，擅自做主，把那一批仿黄金的首饰，以低于市场百分之三十的价格，卖给了某大型商场黄金饰品的专柜。

后来一位客户买走几条金项链，自行找专业人士做了鉴定，居然发现自己买的金项链是假货，于是客户选择报警。最终商场经理被抓，堂弟坐牢，章哥的厂子被封，大额的罚金让他一夜之间白了头。

苦心经营的事业毁于一旦，章哥着实冤枉。因为他一直做的就是金属首饰，从来没有当黄金卖过，没想到遇到那么一个堂弟，让自己的半世辛劳打了水漂。

所以一定要懂得：用专业的人，做专业的事，扬长避短，才能事半功倍。

# 其实选择比努力更重要

坚持规律作息，规律做事，找回自我选择的力量。

古语有云：一日之计在于晨。

美国特斯拉汽车公司的CEO伊隆·马斯克，他每天的睡眠时间，平均只有6小时。据伊隆·马斯克透露，他很多时候会在凌晨1点入睡，早上7点起床，有时会睡在Tesla工厂，会议室中放着他的私家睡袋。

从伊隆·马斯克在会议室摆放私家睡袋这一现象来看，说明他非常重视休息和睡眠，懂得随时随地调整精神状态，保证有充沛的精力去工作。

被称为“微软之父”的比尔·盖茨，每晚12点睡觉，早上7点起床，每天坚持在睡前花1个小时看书。

很多名人的睡眠时间都有极强的规律性，很少轻易改变。这也可以看出，他们对自我时间调控方面的自律，有强大的自我选择的力量。

村上春树就是一个有极强的自律意识和自我管理意识的代表。

“我属于那种对自己喜欢的事，感兴趣的事，就要全神贯注追求到底的性格。绝不会说句‘算了，我不干了’就半途而废，得做到心安理得才停手。”

在写完他的前两部小说——《且听风吟》和《1973年的弹子球》之后，1981年，村上春树决定开始职业写作生涯。他搬出了东京的住所，远离都市的喧嚣和聒噪，让自己早睡早起，过着无比规律的生活，全身心地投入写作。

写作一定要有一个好身体，村上春树为了能够保证长期规律的写作，还对自己进行了严苛的自我管理：在写作长篇小说时，他规定自己一天最少写够10页稿纸，每页400字。然后即使还想写，也要在十页左右打住，但是如果哪天状态不好，他也要强迫自己写够那么多字。

为了保持体力，保证身体的健康，村上春树开始跑步。在成为作家的三十多年来，他每天都要跑步或游泳一小时，并在世界各地参加过多次马拉松，还写了一本《当我谈跑步时我谈些什么》的文集。

村上春树说过一句话："作家要是长出赘肉的话，就算完蛋了。"

依靠着顽强的自律，村上春树出版了14部长篇小说、几十部短篇小说集，还有许多游记、随笔、纪实文学和翻译作品，在业界是公认的高产作家。

什么是选择的力量？不会为现实苦苦纠结。喜欢，所以选择；感兴趣，所以选择继续；要追求，所以选择……它们不是简简单单的几个字，而是对未来起着决定意义的抉择。

勤快的人，不会无规律作息，会每天迎接朝阳。惜时的人，不会把时间浪费在无聊的八卦上。选择奋斗的人，会选择永不言弃的毅力，有走向未知的勇气。

# 童心和好奇心是你最好的资产

## 01

有一位网友讲述过自己童年的一次经历。

我记得妈妈说过，我们踩着的土地，另一边是美国。从那时起，我的好奇心就开始萌发、生长。我特别想到美国去。终于有一天，我按捺不住心底的好奇，拿起小铲子，想把通往美国的通道打开，要造就伟大的工程！

我心里装的是无穷的欣喜，顺着凹凸不平的石子路，走向院子里，就像是向着自己的梦想走去一样。虽然沉重的铲子，让我的手有些发抖，但是却装着满心的成就感。我选好了位置，开始了我的伟大工程。

我一手压着土，一手使劲往下掘，脸憋得通红，嘴里还“咿咿呀呀”地为自己鼓劲儿。当看到自己的辛劳，终于掘出了一个挺像样的坑，心中有一种前所未有的成就感。

后来长大了才知道，把通道挖通到美国，这简直是一个天大的笑话。

但我们心中这样一个小小的梦，小小的童心，却始终是最珍贵、最值得珍藏的记忆。也许是童心能给我们带来快乐，童心能给我们更加坚定的信念吧。

但愿将我们的记忆宝盒打开，随时随地就能释放出童心，给我们的生活增添乐趣的同时，也能够激发我们继续去追寻、去探索那一个个奇幻的梦想。

所有的创意，都是由童心激发而来，这个很多人看似可笑的梦想，谁又敢说，有一天不会变成现实呢？

我们小时候做过很多梦，梦里那些奇幻无比的东西，在一路成长的过程中，却能够欣喜地发现，原来真的出现了。后来有位朋友说，只有想不到的，没有做不到的，我深以为然。

人类的创造力是无穷的，拥抱童心的人，就更容易激发出新奇的创意。

我有一位初中同学，上学的时候各种调皮捣蛋，被老师训斥是家常便饭。他总是能够创造出花样百出的新奇玩意儿，进行恶作剧。

一次偶然的机会，他发明的一个小玩具，被一个加工玩具厂的老板看上了。厂子的老板给了一笔钱，买下了同学的这个创意。

后来，那个玩具卖得特别火。我这位同学也是从那之后，在老师的开导下，开始认真学习，梦想有一天可以发明出更多的物品，成为一个发明家。

三毛曾经说：遇到不能解决的事情，去问孩子，孩子脱口而出的意见，往往就是最精确而实际的答案。

## 02

在没有飞机的年代，很多人都曾经梦想能够翱翔蓝天。但是人类不像鸟儿那样，长着一双可以飞翔的翅膀。那么人类要实现这个梦想，就只能借助可以替代鸟类翅膀的工具。

曾经不少人，带着未泯的童心，尝试过各种的玩具。而无论是天空船还是筋斗云，都不过是人们充满浪漫情调的幻想。

看到这样一个小故事，讲述的是莱特兄弟小时候的事情：

在一个风和日丽的日子里，只见两个孩子猛追着一只在晴空中越飞越远的断线风筝……

“你俩要是带翅膀的小天使就好了!”“快变成一只能远走高飞的老鹰吧!你们就准能把风筝逮住!”……几个过路人，见到这番情景，竟哈哈大笑地挖苦这两个气喘吁吁的孩子。

“对，人们为什么不能像鸟儿似的长出一双翅膀在空中飞翔？”一个“飞”向天空的幻想，在孩子幼小的心灵里生根发芽。

从那以后，莱特兄弟开始留心观察鸟类飞翔和滑翔时双翅的变化，他们还精心制作出来各种会“飞”的玩具。莱特兄弟长大以后，仍然没有停止对飞翔原理的研究和探索。

1903年，这两个追风筝的孩子，真的让世界上第一架飞机诞生了。

拥抱着童心，是在守护初心和梦想，时刻激发出潜在的创意，能助力人们走向成功。

我看到一则报道：美国艺术家David Foox，受到叔叔的肺移植手术的启发后，发明了24款另类娃娃，这些娃娃的脑袋是心、肺、眼球、大脑等9种不同器官，也叫器官娃娃。

Foox想把这些器官娃娃，送给那些赐予他人第二次生命的器官捐献者，同时也希望它们能对大人和孩子起到教育作用。为了增加真实性，Foox甚至制作了吸烟者肺的器官娃娃。

现在，这些玩具深受实习医生、学生和孩子的追捧。其中最受欢迎的，是穿着迷彩服的紫色心脏娃娃、金色大脑娃娃和白细胞娃娃。

童年时代，我们带着最初的天真幻想，什么都敢想，多么奇妙的事情，想出来都不足为奇。可是随着年龄的增长，在纷纷扰扰的俗世生活中，我们失去了太多的童心，思维开始变得封闭起来。

我们不再敢去做“白日梦”，我们不再去尝试玩耍，因为绝大多数人都认为，那些看起来是孩子的专利。于是在这样的思想认知中，我们中多数开始活成了平庸无奇的样子，不再有所创新和突破。

而那些拥抱着童心的人，总是能萌发出无数的创意，令人叹为观止。就像雨果说的：最天真的人，有时是最高明的。

## 03

市场上流行一种激发童心的奇趣减压创意玩具。不少成年人，开始用玩具来减压，不仅能够激发童心，还能重新输入生活的热情，激发工作中的创意和灵感。

生活中有童心，就能够增加很多快乐。紧张又焦虑的时代，在工作的闲暇，设计出新奇的玩具和摆设，如果能令人绽放出发自内心的微笑，同时带动思维的创意火花，那也会是人生中一种无比美妙的感受。

在市场上，我曾见到一款有趣的杯子。杯子的底部有两个凹进去的小孔，举起杯子喝水时，看起来像猪八戒一样。这个杯子，就是根据猪鼻子的原理设计而成的。这款杯子用起来，能让工作中的紧张气氛变得轻松愉悦。在轻松舒缓的氛围中，人的心情是放松的，情绪也会保存最佳状态。

孩子们白天喜欢可爱的玩偶，晚上除了妈妈的怀抱，更多的应该就是喜欢抱抱枕了。有人就是在这种童心的驱使下，把玩偶与抱枕合二为一，设计出各式各样的玩偶抱枕，满足了孩子们的双重需要。不仅如此，这类抱枕摆放在沙发上，也十分有趣可爱。

表姐是公司的主管，平时工作压力大，再加上人到中年，每天面对各种的家庭事务、子女教育等琐事，身心疲惫，焦虑不堪。

后来在一双儿女的要求下，她给孩子们在网上订购到几个娇态可爱的动物抱枕。下班后她会陪孩子们一起欣赏把玩抱枕，一起发挥想象讲故事，还把她和孩子们想象出的故事，整理下来在各种杂志刊物上投稿和发表。生活越来越充实，越来越有意义。

她每天的精神状态也饱满起来，在职场斗志昂扬，在生活上激情四射。这就是拥抱童心带来的生活奇迹。

巴金说：童心生活的回复，正是新时代的萌芽。

拥抱一份本真的童心，让心底装满未来的创意，带给人生更多的惊喜。

# 好好睡觉，特别重要

扬子是我的朋友，一位积极向上，工作出色的职场精英。

她是职场上有名的“拼命三郎”，是公司的顶梁柱。虽然公司实行的是双休日，但是，她那种对自我的高标准要求，让她从来没有真正休过双休。

平时加班熬夜，更是家常便饭。直到有一天，她加班时晕倒过去，被家人紧急送往附近的医院，查出来多项身体上的病变。

如果说那一系列的免疫系统的医学数据，可以靠以后的锻炼和修养来调整的话，那么，还算是比较幸运的。

可是，最后的一项确诊结果，犹如五雷轰顶，她不幸患上了肝癌。当一个年轻鲜活的生命，在正当年的时候，不得不面临着凋零，那种心痛是无法用语言传达的。

因为她平时是轻伤不下火线，即便身体感到不适，也只是去诊所包些药调整一下，从来不舍得浪费时间到医院检查身体。她的麻痹大意，让病情错过了最佳的治疗期，医院只能依靠最保守的治疗方法，维持她最后的岁月。

尽管身边的朋友很伤心，都想要挽留住这位善良优秀的姑娘。可是，在病魔面前，一切都显得太过苍白和无力。

资料显示，熬夜直接对身体健康会造成以下危害。

肥胖。肥胖睡眠越少，BMI（体重千克数除以身高米数的平方得出的数值）越高。例如一项跟踪500人13年的调查显示，每天睡眠时间少于6小时，BMI较高的可能性是其他人的7.5倍。

糖尿病风险增加。中老年人中，睡6小时的人患糖尿病的可能性是每天睡7—8小时的1.7倍，睡5小时以下则升高到2.5倍。

心血管疾病风险增加。对没有冠心病的中年人进行10年监测，发现每天睡眠5个小时以下，10年内发生冠心病的风险高了45%。

各种疾病的死亡率增加。通过对已患有各种可能致死疾病的人来说，减少睡眠时间，增加死亡率。

神经方面。睡眠减少会降低注意与警觉性，并在此基础上降低整体的认知功能，比如影响情绪系统，造成抑郁和焦虑情绪；同样也会造成学习和记忆能力的下降。

正常的作息时间是每天精力旺盛的保证，如果睡眠时间太少，会对身体产生太多的不良后果。

比如记忆力下降，很多事一转头就忘记了。神思恍惚，注意力很难集中，工作、学习效率低下，容易失眠。内分泌失调，情绪不稳定，暴躁易怒，脸冒油光、长痘。心脏疾病、免疫系统疾病等发病率上升，等等。

这些都是睡眠时间不规律而后出现的有医学依据的症状反应。想要杜绝这些不好的后果，就要养成好的睡眠习惯。

好好睡觉，睡好才能有精神投入，才能保护好自己的健康，延长生命的过程，做更多有意义的事情，有更多的时间陪伴爱我们的人。

# 第八章

# 那些把人生，活得恰到好处的人

# 乔布斯：活着就是要改变世界

## 01

活着就是为了改变世界，难道还有其他原因吗？

——史蒂夫·乔布斯

史蒂夫·乔布斯，是美国苹果公司的联合创始人，他出生在美国加利福尼亚州的旧金山，是美国著名的企业家，同时也是前Pixar动画公司的董事长及行政总裁。

乔布斯在1976年4月，决定成立一家电脑公司。1977年4月，乔布斯就在美国第一次计算机展览会上，展示了苹果Ⅱ号样机。

1997年，苹果公司推出iMac，随着这款产品的大卖，公司度过了当时面临的财政危机。

2011年8月24日，因为自己的健康问题，乔布斯向苹果董事会提交了他本人的辞职申请。同年10月5日，史蒂夫·乔布斯因患胰腺癌病逝，享年56岁。

乔布斯是计算机业界与娱乐业界的标志性人物。他经历了苹果公司几十年的起落与兴衰，先后领导和推出了麦金塔计算机（Macintosh）、iMac、iPod、iPhone、iPad等风靡全球的电子产品，极大地改变了现代通信、娱乐及生活方式。

## 02

在我们老家，祖祖辈辈的农民，多数都希望自己孩子能够早早考上中师或者中专，分配一个工作，跳出农门。多数孩子是听话的，循规蹈矩、按部就班地过完一生。

堂哥不是那个多数，他是个喜欢追逐内心的声音，并大胆坚持追求的人。他的功绩，和乔布斯不可同日而语，却也是家乡声名在外、富甲一方的能人。他的人生轨迹，像极了乔布斯。

16岁那年堂哥坚持退学，整个家族都炸了锅。因为他是家族的长子，被寄托着跳出农门、光宗耀祖的厚望。堂哥不喜欢那些课堂的东西，因为那里没有他喜欢的课程。

坚决退学后，堂哥在省城一边打工，一边拜师。当年省城一位知名画家，看他颇有几分天赋，又肯吃苦，就破例收他为徒。后来堂哥学有所成，开始了自己的漫画创作，直到创立了自己的动漫公司。这种对于追求的热爱，让他无比坚决和果敢，也无比专注地投入。

创业之路充满艰辛，我亲眼见过他为自己梦想的执着，曾经吃的苦头。

他最初到省城打工的时候，经常入不敷出，为了能够交上学习的费用，他就和一些打工族合租郊区村庄每月10元的群租民房。

有很长的一段日子，表哥一天的伙食费只有一块钱。那时候的一块钱，可以买四个馒头。渴了就去写字楼的洗手间，对着水管喝几口自来水。

终日奔波往返于打工和学习的场所，那段日子，在我看来苦不堪言，可是堂哥乐此不疲。

他就像乔布斯说的那样，凭着好奇心和直觉选择要做的事情，去做自己热爱的事，去做自己真正擅长的事，不论自己经历多少困难，都雷打不动。

据记载，17岁那年，乔布斯读到过这样一段话，大意是：如果把每一天都当作生命的最后一天，总有一天你会如愿以偿。

他记住了这句话，从那时起，33年过去了，他每天早晨都对着镜子自问："假如今天是生命的最后一天，我还会去做今天要做的事吗？"

一连许多天的回答都是"不"，他知道自己应该有所改变了。让他能够做出人生重大抉择的最主要办法是：记住生命随时都可能结束。

记住自己随时都会死去，这是他所知道的防止患得患失最好的方法。如果你一无所有了，还有什么理由不跟着自己的感觉走呢？

堂哥在这一点可以说有过之无不及。在他所有的各项安排中，不会有一丝一毫的无用功，从来都直奔目标，简单到心无旁骛。

堂哥像乔布斯一样追求极致。每一个作品，哪怕只有一个曲线让他感觉到不完美，都要一次又一次返工重来。

有一次去他的公司，运营总监给我讲述了他的一个事例。为一个作品的服装设计纽扣，他连续让所有的设计人员，反复修改了大半年。这不是神话，那个产品，因为这个纽扣的细节，推迟一年才上市。

在事业上，堂哥和乔布斯一样，始终有初学者的心态。如一个新生儿面对这个世界一样，永远充满好奇、求知欲，让人叹为观止。正如乔布斯所说：专注和简单一直是我的秘诀之一。

简单可能比复杂更难做到，你必须努力厘清思路，从而使其变得简单。最终这是值得的，因为一旦你做到了，便可以创造奇迹。很多成功人士都崇尚极简，极简融入生活和工作实践，就变成一种无法阻止的巨大能量。

## 03

看到过这样的报道，美国企业每年由于会议犯下的错误，而导致的经济损失高达370亿美元。但是苹果联合创始人史蒂夫·乔布斯却能够力挽狂澜，让苹果没有进入这些在会议上犯类似错误的企业行列。

乔布斯究竟是如何做到这一点的呢？据了解，乔布斯关于会议的三种方式，让苹果公司的会议成效极高。

第一种方式，尽可能缩小会议规模。

肯·塞加尔（Ken Segall）曾经在其纪念乔布斯的新书，《疯狂的简约》（Insanely Simple）中，详细描述了他与乔布斯一起工作时的情况。

有一次，乔布斯准备与苹果的广告机构召开周会议，在会议前，他看到了一位新人。他突然停了下来，双眼紧盯着房间里那些看上去让人感到不适的东西，然后他指着洛丽（Lorrie）问："你是谁？"

洛丽当时解释，她是被要求参加会议的，因为她参与了营销项目的部分事务。乔布斯听完她的解释说："洛丽，我认为，我们不需要你参加此次会议。多谢。"然后就请洛丽当即离开会议室。

合理拒绝无关紧要的事情，才能把握住更重要的事情。拒绝是为了更周密的决策，以及更智慧的策略。

第二种方式，确保每人负责会议一项议程。

《财富》杂志的记者亚当·拉辛斯基（Adam Lashinsky），曾经在他的文章中讲到乔布斯的一些管理经验。

乔布斯的精神核心是"责任思维"——这就需要每个当事人，都必须非常明确他们自己的具体责任是什么。

拉辛斯基在文中写道：苹果内部甚至还起了这样一个名字，即"直接负责的个人（DRI）"。通常情况下，DRI的名字会显示在会议日程之中，这样每个人都知道谁是负责人，该负责什么样的议程。苹果公司的一位前员工表示："苹果公司召开的任何一次有效的会议都会制定一份行动表。与每个行动事项紧邻的就是DRI名字。"苹果公司经常听到的一句话就是，总有人想知道某一项目的负责人是谁。总会有人问："那个项目的DRI是谁？"

这种看似简单明了的处理程序，起的作用却是显而易见的。

只要有过经营企业经历的人，一看就会心领神会，这套方法，对初创企业者而言，能够起多么大的帮助作用。

就如格洛丽娅在Quora表示的那样："在一家有大量工作的快速成长的公司中，一些重要的事情搁置一边，并不是因为人们不负责，而恰恰是因为员工的确很忙。如果你视一些东西为自己的孩子，那么你就会非常非常关心它的状况了。"

"凡事预则立，不预则废。"成功的企业管理人，都能够在实际行动中，把这句话诠释得清晰明了。

第三种方式，开会禁止使用PPT。

据《乔布斯传记》的作者沃尔特·艾萨克森（Walter Isaacson）说："乔布斯非常憎恶正式的演示式陈述，他就是喜欢自由自在的面对面的会议。"

每周三下午，乔布斯与他的营销以及广告团队，召开一次精简议程的会议。他往往会禁止这些会议使用PPT，因为他希望自己的团队，在会议期间，能够进行激烈的争辩以及批判式思考，而不是依赖模式化的技术。

乔布斯曾经告诉艾萨克森："我不喜欢人们使用幻灯片而不思考。人们在展示幻灯片时总会面临一些问题。我希望他们参与进来，在会议桌上把问题弄清楚，而不是展示一连串的幻灯片。那些知道他们自己谈论话题的人，并不需要幻灯片。"

# 巴菲特：只打“甜蜜区”的球

## 01

沃伦·巴菲特（Warren Buffett），生于1930年8月30日，是全球著名的投资商人，从事股票、电子现货、基金投资等行业。他有一个别名，叫股神。在《福布斯2016全球富豪榜》中，巴菲特排第二名，在2017年发布的《福布斯富豪榜》中，巴菲特排第四位，在《2018胡润全球富豪榜》中，87岁的巴菲特排名第二。

巴菲特有个逻辑：只打那些“甜蜜区”的球。

他的办公室里，贴着一张美国棒球手泰德·威廉斯的海报，泰德被称为“史上最佳击球手”，他是对巴菲特投资影响极大的一个棒球手。

在棒球运动员中，有两类击球手：一类是什么球都打。另一类则是只打高概率的球。资料显示：世界排名前十的击球手，都是只打高概率球的人，而泰德·威廉斯就是这类高手中的高手。

泰德有一个鲜明的观点：不要每个球都打，而是只打那些处在“甜蜜区”的球，坚持“只打高价值的球”。巴菲特把这种策略极其娴熟地应用到自己的投资领域：只投资高价值、有宽阔经济护城河的公司。

巴菲特在纪录片中说过：

“我能看见1000多家公司，但我没有必要每个都看，甚至看50个都没必要。投资这件事的秘诀，就是坐在那儿看着一次又一次的球飞来，等待那个最佳的球，出现在你的击球区。人们会喊——打呀。别理他们。

“我知道自己的优势和圈子，我就待在这个圈子里，完全不管圈子以外的事，定义你的游戏是什么、有什么优势非常重要。”

就像有人说的那样：那些做得最好的人，往往不是做得最多的，而是那些做的次数少，而单次价值很高的人。真正的高手都具备一种深思熟虑后做选择的战略能力——做那些“更少但是更好”的事。

## 02

我认识一位知名作者，论天赋她不算高，也不会讨巧。可是在这个圈子里，她出书，写各种文案和软文，样样都是特别抢手。提起她的名字，更是无人不知无人不晓。

了解她的人都知道，她写作用的是最笨的一种方法，就是不停地写，不停地写，写着写着也就得心应手了。她的每一本书，销量都特别好，还运营着自己的公众号和其他平台的自媒体。每天看到她在平台上更文，就能感受到一个生命的蓬勃和朝气。

在这个各种机会更新迭代的时代里，机会更多，选择也更多，“斜杠青年”就是这个时代的产物，很多人都认为既然有这么多机会可选择，那么做的越多，赢的概率就一定越大。

可是很多成功人士，用他们的成长履历告诉我们，其实不尽然。

记得有人说过：机会越多，也意味着概率越小，越是有多种可能性，越是需要专注于核心竞争力。这个说法非常现实客观。

麻省理工学院前教授丹·艾瑞里在《怪诞行为学：可预测的非理性》中说："人们在面对多个选择时，即使明知其中一项可以获得最大成功，他们也不愿意轻易放弃其他选择。因为我们的大脑，对于风险，天然是排斥和抗拒的。所以，能够获得巨大成功的人才少，因为他们能克服那种心理上的本能。"

子曰：无欲速，欲速则不达；无见小利，见小利则大事不成。不要揠苗助长，也请记住勤能补拙。

曾国藩的人生成就和历史地位众所周知，有人曾这样评价道：在中国几千年的文明史上，能人异士，数之不尽；文武英才，世代辈出。但能被人称作圣贤的，一共就两个半。一个是孔子，一个是王阳明，另外那半个就是曾国藩。

据记载，虽然曾国藩可以称得上半个圣人，他却并非天资聪颖，甚至相比常人还有些"笨拙"。左宗棠在评价曾国藩时说"此人不以才气见长"，直白点说就是"这人脑子不够使"。

在大家看起来，曾国藩就是一个无比笨拙的人，但他却用自己特有的方式，取得了令世人瞩目的成就。他用的就是大家眼里的笨方法：用最彻底的方式去做事，这也是曾国藩为人处事的最大特点。

曾国藩在早年，虽然他读书非常刻苦努力，却是经过七次艰难的科考，才考中秀才。中了秀才之后，他就有些开窍了，后来考举人，考进士，都比较成功。而那些考秀才都比他顺利的同学，最后却没有一个考中举人。曾国藩就根据自己的科举经历，总结出一个结论——读书要用笨功夫。

用笨功夫，不懂得怎样钻营取巧，它的好处就在于，遇到问题只会迎难而上、坚决攻克，绝对不会动脑筋绕道，把问题躲开。这种方法看似笨拙，实际上却能够打下坚实的基础，如此坚持下去，久而久之，当积累到一定程度，就会厚积薄发，反而能够达到一鸣惊人的效果。

这种看似很笨很慢的方法，从长远来看反而是最快的方法。在高价值领域，找准自己最擅长的方向，用最不取巧的方式做事。

## 03

拿投资这件事来说，我听过不少投资讲座，基本有一种共同的理财观，叫作“不要把鸡蛋放在同一个篮子里”。也就是教会大家在投资的时候，学会规避风险，但对投资界的高手来说，做法刚好相反。

投资高手在投资定位方面，有一种价值定位并敢于舍弃的能力。不管这种反常规的现象多么不可思议，常人无法解释，却也难以反驳。

就像英国统计学家说过的：在分组比较中占优势的一方，在总评中反而是失势的一方。简单来说，就是虽然你赢的次数很多，但结果上看，你反而是输了。

举个生活中耳熟能详的例子：喜欢打麻将的人，都熟知的一个规律，一场牌打下来，和多次小牌的人，往往不如和一次大牌的人赢的钱多。真正的理财高手，都是聚焦一点，直击要害。

有这么一个故事：1992年，索罗斯大战英格兰央行，他的基金经理人德鲁肯米勒认为这是一次难得的好机会，甚至建议把所有钱都押上，当他把这个想法告诉索罗斯的时候。索罗斯说："这太荒谬了……你知道这种事情多久才能出现一次吗？所以，要做的不是把所有的钱押上去，而是要把所有能搞到的钱，都押上去。"结果他们加上杠杆，总共投了100亿美元，最终大获全胜。

不论哪个领域，真正的高手都是那些"做更少，但是更好"的事的人。就像棒球运动员泰德总结的那样："甜蜜区"就是最理想的区域。

## 把人生活得恰到好处

无论是投资也好，打棒球也罢，这些都是高手的经验。

学会找到自己最擅长的事，进入能产生高价值的领域。像巴菲特那样，学会只打“甜蜜区”里的球，刻意忽略低价值的事，良性循环中，想不胜都难。

在商界有一个著名的“鳄鱼法则”，大概意思是，如果被鳄鱼咬住了脚，妄图想要用手去帮忙挣脱，手脚就会同时失去，越挣扎，失去的就越多。正确的方法就是当被鳄鱼咬住脚的时候，果断抛弃那只脚，否则就可能会葬送生命。

这种鳄鱼法则，在生活中经常都能够见到，比如金融领域、生意场合。

无论是哪个方面，一旦出现亏本的时候，就不要老是想着翻本，加大投资、投入，要有一颗壮士扼腕的心，否则就可能坠入万丈悬崖，永世不得超生。

有个词叫“大道至简”，鳄鱼把这个词意用它们的行为方式演绎得淋漓尽致。

根据相关人生记录：鳄鱼平均狩猎一只猎物的时间可以长达两周，但是一出手，就一定不会空手而归。许多人觉得，鳄鱼这样一动不动地张着嘴，看起来特别傻。但鳄鱼的寿命，平均都在80岁以上。

很多投资人高手喜欢把“鳄鱼法则”放在嘴边，比拼的其实就是耐心，他们长期只看准一个目标，一旦发现机会，就会马上出击，往往能够收获到丰厚的利润。他们像鳄鱼一样冷静，能够耐心等待“猎物”出现。

就像“大道至简”这四个字一样，说起来容易，做起来却很难。

有句话说：“学会区分能力与运气的分水线，是投资开悟的标志。一个人的投资运气，幸运一两次很正常，如果总是幸运，那么肯定有种吸引好运气的因素，叫能力。”

其间的寓意，不言自明。

# 领英 CEO 杰夫·韦纳：做更少的事情

## 01

领英CEO杰夫·韦纳说：我喜欢做更少的事情。

美国作家格莱德维尔，曾经提出“10000小时定律”，他认为一个人，要从平凡变成超凡的专家级人物，至少要10000小时的练习。这个时间，如果按每天工作8小时，一周5天计算，大约要5年。

那么这个“10000小时定律”，到底具不具备真正的科学性，实用价值几何，曾经有不少人对此提出质疑。

有人专门做过一项调查研究，对象是被大众公认的成功人士，例如埃隆·马斯克、比尔·盖茨、巴菲特、马克·扎克伯格、拉里·佩奇等，大概有数十人。

调查时间大约历时一年，结果发现一个令人意想不到的现象：这些公认的成功人士，平时即便再忙，每天至少都会有1个小时，也就是每周约5个小时，用于学习某些知识，或者是刻意练习某些技巧，他们并没有简单使用“10000小时定律”，去重复他们之前做过的工作。

从这项调查研究中，我们可以发现，重要的是“学习新知”和“刻意训练”，而不是“反复练习”！那个所谓的“10000小时定律”，其实重复的多数都是无用功！

调查研究者，把这种“学习新知”和“刻意练习”的模式，称为“5小时定律”。他们认为，“5小时定律”才是成就大神的奥秘，他们将这种现象称为“改善率”。

调查者认为，“刻意练习”和“努力工作”，这两个概念容易被我们弄混淆，绝大多数职场人士推崇的“努力工作”只是指的“工作效率”，但是那些成功人士关注的是“改善率”。

也就是说，成功人士更懂得，在原有基础上刻意练习，改正之前的不足之处，这样才会让自己变得更好。

调查研究对象Facebook（脸书）的创始人兼CEO马克·扎克伯格，他曾经在一次访问中，谈到“改善率”的重要性：“扎克伯格的神话，完全是被一些人吹起来的，其中想象的成分居多。学习的能力、归纳推理的技巧、工作的技巧……这些统统被刻意地低估了。

“人们都觉得好像扎克伯格不过就是有了一个机会或者创意，一夜暴富。这就好比一个池塘，扎克伯格这种人站在水底，所有人都觉得自己只要跳下去，也能一样站在水底，可是他们忽略了一件事情，所有人都只能慢慢地游下去。其实关键在于不断地提升自己，不断进步，而不是期望一步登天。”

他后来还补充道：“如果你有机会同这些真正伟大的CEO待在一起，你就会发现，其实他们每一个人，都是百科全书式的专家，他们对本行业或者对其他领域都有很深的了解，这些都是通过刻意学习、训练得来的。要取得成功，至少需要5—10年的刻意练习。”

“5小时定律”是怎么帮助他们“自我改善”的呢？那些成功人士，都是怎样运用“5小时定律”的呢？经过相关人员的调查研究，发现成功人士在那5小时中，基本上都做到了三件共同的事：阅读、思考和实验。

成功人士学习相关领域知识，取长补短的最重要武器，就是阅读。

其中一个调查研究对象是比尔·盖茨，他每年大约阅读50本书。

《哈佛商业评论》曾经刊文，报道过那些爱读书的成功人士，他们当中，有些甚至堪称书迷。比如说耐克创始人兼CEO菲尔·奈特，他规定不管是谁，只要是进入他的小图书馆，就必须脱鞋，而且严禁喧哗。

知名主持人奥普拉·温弗瑞，更是把自己的成功，归结于爱阅读的日常习惯，他说："书籍是实现自我的通行证。"

沃伦·巴菲特每天都会利用5—6个小时的时间，阅读5份报纸，还有大约500页各个公司的报告。

埃隆·马斯克非常爱好读书，据说他以前，一天能读两本书。

还有证据证明，还有许多成功人士，也都有每天阅读的习惯，不论时间长短，却都是常年坚持的。

阅读自然是不能漫无目的，应该是有计划地阅读，争取做到系统规划，力保形成全面的知识体系，不仅要达到补足短板的效果，还能够训练自己诸如写作和逻辑等方面的综合能力。

据调查显示，在五小时中，那些成功人士还喜欢去思考。因为思考不仅能够更好地总结现实问题，还能激发出新的创意。

比如美国在线CEO蒂姆·阿姆斯壮，要他的团队成员，每周至少要用四个小时，去思考。LinkedIn的CEO杰夫·伟纳要求自己，每天至少要用两小时的时间思考。

全球最大对冲基金“桥水基金”的创始人雷·达里奥，会专门腾出时间去反思自己的错误，并将反思结果列入电子系统，定期给全公司员工查看。他还会有针对性地组织讨论会，去寻找所犯错误的根源性原因。

著名亿万富翁莎拉·布雷克利，也是一个善于反思自己的人，反思的结果都被他记录下来。她在一次采访中透露，她已经记录了超过20个本子的反思结果，其中不仅包括她犯过的错误，还包括她取得成功的地方。

现代的职场人士，经常会表示自己很忙。可是忙什么？为什么忙？这些根源没有人去细想。很少有人用心去分析自己的短板和优势，曾经做错了什么？应该怎么办？曾经做对了什么？该如何在未来取得更好的突破？说白了，就是缺乏主动思考的精神。

以上只是调查人员调查结果的一部分，却足以说明，可以挤占时间的重复忙碌是错误的，我们应该去做更少的、更关键的那件事情。

## 02

加班多不如提高工作效率，更好的休息可以带来更多的效益。

我曾经是个低效率的工作者和学习者。上学期间，我会在课间做自己的家庭作业，晚上还要埋头刷卷子，把自己埋头在题海战术中，疲惫不堪。

后来参加工作，依然错误地以为，多加班就是能够有更好的收获。最初的一年，我也是那种每天把自己忙到疲惫不堪的类型。

突然有一天发现，自己根本没有时间去学习新的知识，没有时间去看书，没有时间思考和改进，也没有创新和突破，变成了一头蒙眼拉磨的驴。

我的想法开始改变，我意识到日复一日地努力工作，并不总是走向成功的正确道路。有时候，提高工作效率是不是可以产生更好的效果？我开始改变自己的工作方式，每天下班前一定要完成当天的任务，下班后躺在床上看书两个小时，然后思考自己当天的工作方式，第二天需要做出哪些调整。

这样持续几个月后，随着工作方式的不断调整，我的工作变得越来越轻松起来，我有更多的时间用来看书和学习了。

原来，成功的关键不是拼命努力地工作，而是高效率有智慧地工作。

有人说：忙碌和多产有一个显著的区别，忙碌并不一定意味着你是富有成效的。多产与其说是进行时间管理，不如说是对自己的精力进行管理。我们需要学习如何花费最少的精力并获得最大的利益。

经过自己的经历和总结后，我深以为然。我已经学会把每周工作的工作时间减半，并用这些剩余时间段，学习更多的新知识。我越来越感觉到，工作得越少，相当于工作得越多。

所以首先停止加班，提高工作效率，保证学习新知识的时间，保证休息时间。

1926年，美国实业家和福特汽车公司的创始人亨利·福特，进行过这样一个实验：当你把每日工作时间，从10小时缩减到8小时，每周工作时间，从6天缩短为5天，工作效率就会提高。

工作时间越多，不管是从短期来看还是从长期来看，都会令工作越来越低效。1980年，国家授权商业圆桌会议，发布了一份“关于建设项目计划加班效应”的报告。

报告中称：“每周60小时或以上的工作时间表，继续超过两个月，生产力下降的累积效应，将导致超出该完工日期，而这对于同样员工规模且每周只有40工作小时的企业来说，可能已经完成任务了。”

编辑萨拉·罗宾逊，在一篇给AlterNet的文章中，引用美国军方的研究表明：“如果一个星期每晚少睡一小时，就会导致认知退化，相当于血液中含0.10的酒精度。”

“睡眠不足更重要的，不仅仅是影响心情，这种思维定式往往导致思考和积极行动意愿下降，控制冲动能力降低，自我感觉积极变差，同情他人和情感智力受影响。”

从相关资料了解到：达·芬奇虽然晚上睡得时间很短，但是白天喜欢打盹。法国皇帝拿破仑，更是会毫不避讳地睡午觉，而且他每天都会打盹。发明家爱迪生，每天都有打盹的习惯。美国前总统富兰克林·罗斯福的妻子埃莉诺·罗斯福，在演讲前很喜欢打盹午休，为她的演讲积蓄精力。“牛仔歌唱者”基恩·奥特里，也会经常利用表演间的空隙在更衣室里打盹。

美国前总统约翰·肯尼迪，每天都在床上吃午饭，午饭后会在床上打会儿盹。石油工业家和慈善家约翰·洛克菲勒，每天下午都会在办公室睡会儿觉。温斯顿·丘吉尔，有一个雷打不动的午睡习惯，他认为午休让他有更好的精力，去完成双倍的工作。

真正的成功者，都知道休息的重要性，也更懂得科学合理的休息。那其实就是在机器缺乏动力时，最及时的加油站，无论如何，都是生命中不可或缺的重点。

## 03

我的同事大美是个典型的完美主义者，明明在我看来已经做得很好的事情，她总是喜欢鸡蛋里挑骨头。更要命的是，还要一遍又一遍去重复同一个任务。

看着她慢条斯理地耗费着大把大把的时间，直到下班，也没有完全完成任务，只好加班。慢慢地，这种模式就成为大美的特有工作风格。每一次领任务，我都不希望能够和她成为合作伙伴，那意味着我将会无休止地把自己的时间消耗在毫无意义的重复工作上。

日复一日，年复一年，大美的工作从来没有改进和突破，每天都要熬夜加班，才能完成当天的任务，更不能有多余的时间学习新知识，给自己充电。

在去年的职位竞选中，大美因为知识太陈旧，工作方式老套，被淘汰出局。算起来，大美属于单位的老字辈员工，可是，因为她的低效率，让她在日新月异的时代里无法完成自我的突破和成长。

由此可见，停止做重复性的任务，是多么重要的事情。很多时候，人们往往会忘记，时间就是金钱。在工作之余，一定要不断地问自己，如何去衡量和优化自己所做的一切。

停止工作，并安排充足的休息时间，让精力保持充沛的状态。我们需要时间进行经常性的反思，找到更好的解决方案，怎样让工作更有效率。如果只是坐在那里等待和无休止的重复，改变将不会发生。

对我们所有人来说，了解更多关于我们自身的规律，找到方法来优化自身的能量，确保我们能够拥有更高效率的成功，保证自己拥有快乐工作和幸福生活的能力。

综上所述，“什么都要做，什么都想得到。努力越多，成就越大”是一种错误的思维模式。不要贪多求全和急于求成。有人在工作中总结突破，有些时候，奖励小胜利，比严厉处罚更有用。

资料显示：英国里士满一位新长官一反常态，不是专注于抓捕实施犯罪的年轻人，而是寻找做好事的年轻人，对做好事的年轻人发肯定票来表扬。这项举措长期实行后，累犯率从60%降到了8%。

可见，不盲目跟风重复，做更少、更好的事，突破和改进方案，是多么重要。

# 雷军：越简单，越重要

## 01

马云曾经公开称赞一个人的做事方法，那个人叫雷军。提起雷军，也是众人皆知的企业家。大家都知道，因为小米，让他到达了职业生涯的一个高点。

马云称赞雷军的做事方法又是什么呢？ 雷军的做事方法就是，把事情砍掉90%，只做10%！

雷军常说：越简单，越重要。一部手机型号有字母、有汉字、有拼音、有数字，简直是在挑战消费者的记忆力。那么我们谁也不可能记住这些手机的型号，谁能记住诺基亚50%的手机型号呢？那么多的名字型号，这是不是有点欺负消费者脑袋?

简单如苹果的iPhone，第二代叫iPhone2，然后就是3、4、4s、5、5s、6、6s、7……雷军坚持越简单的东西就越好的概念，并运用在自己做小米手机的上面。

2014年，雷军在由金沙讲坛办公室和成都商报联合主办的“我看未来20年”大型公益活动上，进行了题为“小米的未来智能家庭”的演讲，以下为演讲部分实录。

少做事，把事做到极致，才是最好的策略。

四年前，小米在中关村创业，那一天，我们十来个人一起喝了一碗小米粥就开始创业。后来，很多人问我，你们为什么叫“小米科技”？我说，我们就是希望用“小米加步枪”的精神开始新一轮的创业。还记得我们去工商局注册“小米科技”时，他们问我，你们是不是要做新型农业？我们说是，所以我们就成了小米科技。

我们的产品是三年前这个时间段上市的，这三年来我们总共只发布了6款手机，三年前的10月底，我们发布了小米1，两年前我们发布了小米2，去年我们发布了小米3，这中间我们发布了红米和红米Note，前不久发布了小米4。到今天为止，四年半时间我们发布了6款手机，相当于每年只做了一款半手机。今天在市场上还在卖的只有4款手机，小米3、小米

4、红米、红米Note。可能一般的消费者不知道这意味着什么，作为一个手机厂商，你们所知道的除苹果之外，绝大部分的手机巨头，每年都要做50—100款手机，你永远不可能记住每年他们上市的那些型号叫什么。

三年前我曾做了一个回顾，过去20年我用了多少手机，每个手机是什么型号。我是一个手机发烧友，我想了三四个小时，有几部手机我死活想不起来产品型号，后来我在网上查了半天也想不起来。大家信奉的是“机海战术”——总有一款手机适合你。三年前我做手机的时候就这样想，我能不能只做几款手机，为非常在乎性能和体验的20岁到30岁的理工科男生做一款手机，让他们发自内心喜欢这个东西？有了这个想法，我们就想把每款手机认真做好。少做一点事情，把这些事情做到极致，就是最好的策略。我们发布小米4的时候再看最初做的5款手机，都是爆款，这说明什么？当你要做的事情更少的时候，你才真正有更多的精力把它做好。

## 02

把一件主要的事情做到极致，那就是做到第一名，当优秀到无以复加了，那么，我们距离成功也就会越来越近了。

有人说：把一件事做到极致的人，运气都不会太差。阿基米德有句名言："给我一个支点，我将撬动整个地球。"从这句话我们可以认识到，找到支点是人生中最重要的事情。

中国书画一代宗师齐白石，据相关统计，其作品仅仅是存世数量，就接近4万幅。

众所周知，齐白石出身寒门，他11岁开始打柴、放牛、捡粪，13岁开始扶犁、插秧、收稻。27岁才正式开始学习画画，曾经有人这样形容他说，"一天不画画心慌，五天不刻印手痒"。

刚开始学习篆刻的时候，齐白石经常领会不到要领。有一次，一位朋友告诉他说，学好篆刻有个窍门：挑一担拙石放家里，随刻随磨，等到刻上三四个点心盒，石头磨成石浆的时候，篆刻的功夫也就练到家了。

没想到齐白石真的就照做了，他弄回来许多石料，刻完了就磨掉，磨完还继续刻。他在屋子里磨石料，把一个地方弄湿了，就换个地方再继续……最后，整个屋子就再没有一块干爽的地方。

他就这样日复一日，年复一年地用心篆刻，家里的石料越来越少，地上的淤泥越积越厚。当家里所有的石料都刻完后化成了泥，齐白石也练好了篆刻艺术。经过坚持不懈练习，齐白石篆刻的技艺，终于达到了炉火纯青的境地。

多年后回想自己学习篆刻的经历时，齐白石还写下过两句诗：“石潭旧事等心孩，磨石书堂水亦灾。”

专注和求精，成为齐白石坚持一生的习惯。更值得敬慕的是，齐白石对画画和篆刻的坚持，是发自内心的喜爱和追求，始终淡泊名利。

专注一件事，在坚持中求精进，集中精力把事情做到极致，达到最接近完美的成功。

## 03

想当世界第一，就算不容易，梦想必须有。从雷军说的话中，我们可以看到更多他个人的风格：

“我卖的每一款手机我包里都有，几乎每天拿出来用用看，看它好在哪里、不好在哪里。去年7月发布红米，到现在已经卖出2500万部。前不久我又拿了一部量产版用，想看看一年半前的手机现在用起来感觉如何，事实证明用起来还是非常好。当你每年做50—100款手机的时候，你不可能认真用自己的产品，如果你自己的产品都没有用过，你卖给消费者的时候，就不知道他们的感受是什么样的。

“正是因为我们很专注地只做了6款手机，达成了什么奇迹？我们2011年底上市，刚上市两个月就做到5.5亿元人民币，2012年上半年、下半年我们以每半年为一个曲线，它是一个近乎完美的增长曲线。2012年全年126亿人民币，去年全年330亿元人民币，我们成为全球创业公司里面最快到10亿美金的公司，最快销售额到100亿美元的公司，它像一个完美曲线一样地增长。”

5年间将一部手机卖到销量全国第一、全球第五，小米奇迹令人惊讶。“美国《时代周刊》报道小米时，给了我们一个极高的荣誉，叫中国手机之王。对一个只有5年创业史的公司来说，这是巨大的鼓舞，也是巨大的压力。我希望能用十年时间一步步往前走，力争到世界第一。这条路可能很曲折，但我们不能连梦想都没有。”雷军说，小米的理念就是真材实料、优化效率以及用户的口碑相传。

雷军认为，互联网时代，核心竞争力就是专注。“单点突破最重要。比如，拿手指戳桌子没有用，拿根针轻易就能戳进去。”

“找到一个点，专注在上面，就能突破。”雷军说，加上前期研发，小米5年只做了4款手机，集中力量将这4款手机做到极致，达到千万级销售量时，同等配置水平下，就能轻易地将价格控制在同类产品的1/3。

有企业家提问，为什么总觉得时间不够用？雷军回答：“这还是个专注的问题，我的建议是少做事情，少做才能集中精力把事情做好。与其做100件事，不如选最重要的3件事来做，少做就是王道。”

“好品质是花钱花精力，找最好的人才做出来的。我们中国产品便宜，为什么感觉质量很差？我们能不能竭尽全力做好产品？

“我在做小米手机的时候全部用的是最贵的原材料，最贵的供应商，最贵的组装厂。哪怕像现在卖699元的红米也都是富士康生产的，可能大家不知道富士康生产意味着什么，至少对我来说加工成本贵了一倍。为什么？其实规律是，贵的东西绝大部分的可能性是它的质量要好得多。

“我们到工厂和供应链看的时候，品质管理、加工细节、做工会遥遥领先。我们刚开始做手机的时候，处理器全部买的高通最贵的处理器，包括所有配置都选的最高端的。当时绝大部分国产手机公司都是做几百块钱的手机，很多人是怎么便宜怎么来，我们在进入这个市场的时候，因为每一个手机都是给我自己做的，我一定要叫它好用。所以我在想，我们只有向苹果和三星学习，用全球最好的供应链、最好的原材料、最好的工厂，才有机会做出最好的手机。这句话我可以展开说得更透，只有用最好的供应商，最好的原材料，最好的加工厂，才有机会做出最好的手机。”

永远的西服配牛仔裤、帆布鞋；走路时微微低头，步速很快，像风飘过；表情严肃，极少说话，开口时轻声细语……

这是雷军的标准形象。

真正的优秀，就是毫无多余的精简。少做事情，去除细枝末节，集中精力把事情做到极致就是成功。

**图书在版编目（CIP）数据**

把人生活得恰到好处 / 松洱著. —北京：中国工人出版社，2019.7
ISBN 978-7-5008-7220-7

Ⅰ. ①把… Ⅱ. ①松… Ⅲ. ①成功心理 – 通俗读物 Ⅳ. ①B848.4-49

中国版本图书馆CIP数据核字（2019）第133173号

把人生活得恰到好处

---

**出 版 人** 王娇萍
**责任编辑** 王 宁
**责任印制** 黄 丽
**出版发行** 中国工人出版社
**地　　址** 北京市东城区鼓楼外大街45号　邮编：100120
**网　　址** http://www.wp-china.com
**电　　话** （010）62005043（总编室）　（010）62005039（印制管理中心）
（010）62379038（社科文艺分社）
**发行热线** （010）62005049　（010）62005042（传真）
**经　　销** 各地书店
**印　　刷** 天津嘉恒印务有限公司
**开　　本** 880毫米 × 1230毫米　1/32
**印　　张** 7.25　彩插：0.25
**字　　数** 136千字
**版　　次** 2019年8月第1版　2019年8月第1次印刷
**定　　价** 39.80元

---

**本书如有破损、缺页、装订错误，请与本社印制管理中心联系更换**